现代科普博览丛书

法布尔与昆虫科学

FABUER YU KUNCHONG KEXUE

张倩 编

U0201122

黄河水利出版社
·郑州·

图书在版编目(CIP)数据

法布尔与昆虫科学/张倩编.—郑州:黄河水利出版
社,2016.12 (2021.8 重印)
（现代科普博览丛书）
ISBN 978-7-5509-1481-0

Ⅰ.①法… Ⅱ.①张… Ⅲ.①昆虫学–青少年读物
Ⅳ.①Q96-49

中国版本图书馆CIP数据核字(2016)第175205号

出版发行:黄河水利出版社

社　　址:河南省郑州市顺河路黄委会综合楼14层

电　话:0371-66026940　　邮政编码:450003

网　　址:http://www.yrcp.com

印　　刷:三河市人民印务有限公司

开　　本:787mm×1092mm　1/16

印　　张:9.75

字　　数:135千字

版　　次:2016年12月第1版　2021年8月第3次印刷

定　　价:39.90元

目　录

蝗 虫

捉蝗虫

"孩子们！明天，在天气还不太热以前，都准备好了，我们去抓蝗虫！"这是我们农村孩子经常听到的一句话。在我们的心中，蝗虫总是和偷吃庄稼、危害人类的消极意义联系在一起。所以，当孩子们一听到"抓蝗虫"的时候，全都兴奋起来。因为在我们心中，捉蝗虫不仅仅保护了庄稼，而且也没有任何血腥的场景，是轻轻松松的狩捕活动。

谈到蝗虫，我们不如想一想，它究竟是什么样子呢？蓝色的或红色的翅膀，突然像扇子一样张得大大的。它们的长腿是天蓝色的或者玫瑰红色的，还带着锯齿，有力地蹬踏着地面。粗粗的后腿就像弹簧一样，可以让它弹跳得很高。

我知道抓蝗虫是一件吸引孩子们的事情，所以我叫上了两个小孩子当我的助手，一块儿抓蝗虫。其中，那个男孩名叫小保尔，那个女孩叫玛丽。只见小保尔身轻如燕，手脚灵活，眼观六路，耳听八方，他在菊花簇里面看见了一只正在沉思的蝗虫。当他靠近时，蝗虫却如惊弓之鸟一样突然飞起。小保尔拼命地追，可是还是让它给跑了。玛丽就要幸运一些，她发现了一只蝗虫，然后举起自己的手，靠近，靠近，按下。哈，逮住了！

就这样，我们一块儿抓了各种各样的蝗虫。面对这些战利

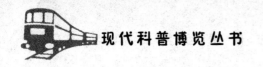

品,我第一个问题是:"你们在庄稼方面有什么作用呢?"书上把你们说得很坏,但是我却不完全同意。

蝗虫不过就是吃掉了几片叶子罢了,哪有那么罪恶滔天。如果没有蝗虫,问题还会更多一些。没有了蝗虫,农民家养的火鸡就会失去美餐,那么它们怎么能够长出结实鲜美的鸡肉供人们在圣诞之夜享用呢?母鸡也喜欢吃蝗虫,它非常了解蝗虫可以提高自己的繁殖能力,使自己下蛋。还有呢,法国南方的著名特产红胸斑山鹑,美味之极,它们也是酷爱吃蝗虫的。图赛内尔地区有种具有优美歌喉的候鸟,长到九个月就非常肥美,它们的饮食习惯是首选蝗虫,然后才选各种其他昆虫。

有的时候,人还吃蝗虫呢!当然,人吃蝗虫需要有很好的肠胃才行。我就曾经抓了一大把肥大的蝗虫,抹上牛油和盐,煎熟以后,分给孩子们当晚餐吃。它们的味道挺好的,有点像虾的味道,也有点像螃蟹的味道。总之,我并不认为蝗虫有百害无一益。

蝗 虫 的 乐 器

这种浑身上下充满营养成分的,向许多土著居民提供食物的昆虫,拥有乐器来表达它的欢乐。一只在阳光下面享受日光沐浴的蝗虫,突然发出了一点儿声音。这个声音非常微弱,弱得我们都不敢肯定是否有声音传出。这种声音就像是针尖划过纸片的声音。它时断时续地发出声音,反复几次,然后停顿一会儿。这就是蝗虫弹出的音乐。

蝗虫是如何弹出音乐的呢?让我们先看看意大利蝗虫吧。这种蝗虫的后腿呈流线型,非常美丽,腿的每一面有两条竖着的粗肋条,而粗肋条之间有很多人字形的细肋条。仔细看看它的这些肋条,你会发现它们都非常的光滑。在翅膀的下部边缘长着粗壮的纹脉。当蝗虫想弹奏乐曲的时候,它就将自己的腿不停地抬高和放低，形成一种颤动。它的腿部在颤动中摩擦着身体的侧面，就像我们在搓自己的双手一样，发出一丁点儿声音。

蝗虫喜欢在阳光下面弹奏音乐，从而表达它们对太阳的热爱。你听吧，当太阳光芒照射到它们的身体上的时候，它们就开始演奏音乐。阳光越是强烈，它们越是奏得带劲。如果太阳光消失了，它们就停止演奏。

当然，并不是所有的蝗虫都是通过摩擦来演奏音乐的。长鼻子蝗虫的腿很长，它懒得颤动自己的大腿来发出声音，所以它总是闷声闷气的。灰色蝗虫的腿也很长，但它不喜欢用腿来发声，当它想要发声的时候，就是将翅膀扇几分钟，发出一阵几乎听不到的声音。

这几种蝗虫还算好的，至少还有一点儿声音，有的蝗虫简直就没有"音乐细胞"。万杜山顶的阿尔卑斯地区的步行蝗虫，它们在阿尔卑斯山上的草地里面徜徉，陪伴着鲜花和绿草，自由自在。它们的背部长得像淡棕色的缎子，肚子是黄色的，大腿下面是珊瑚一样的红色，大腿是天蓝色的，看上去很美丽。

步行蝗虫的翅膀是两片粗糙的、彼此隔开的扇叶，好像西服的后摆一样，翅膀长度不会超过腹部的第一个环节，短得给人的感觉就好像穿了一件很短的上衣一样。由于它的"上衣"很短，使得它没有办法发声。具体来看看吧，它有琴弓，就是它的后腿，但是它短短的翅膀上面没有突起的边缘，因此在大腿颤动的时候，不能产生摩擦，也就不能发出声音。或许你不相信，会问这种蝗虫怎么能够做到一辈子不发一点儿声音呢，那么你就去养一只这样的蝗虫吧，看你能不能听到声音，反正我是不能的。

我不知道步行蝗虫为什么也不能飞翔。真是奇怪，蝗虫都是可以飞的，它却不能飞，只能靠着自己的脚力在地上慢慢跋涉。当步行蝗虫看见它的近亲——同样生活在阿尔卑斯山区草原上的其他蝗虫，能够蹦蹦跳跳，并且从一座高山飞翔到另外一座高山，在蓝天白云下面自由自在地滑翔，不知道它是羡慕还是忌妒。

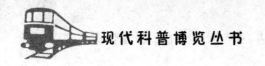

为什么步行蝗虫有翅膀，却不扇动它让自己飞起来呢？为什么要把自己的翅膀一直裹在翅膀匣子里面不用呢？

有人回答我说，不是它不愿意飞行，而是它的进化停顿了。这是一个很好的解释。不过仅仅这么说就相当于什么都没有说。我们会问，为什么会停顿呢？

当步行蝗虫刚生下来的时候，背上长着四个装着翅膀的套子，套子里面是各种将来会发育成为翅膀的胚芽。本来一切都按照正常的规律进行发育，但是机体没有等到翅膀完全长好就罢工了，这样一来，步行蝗虫的翅膀就只能当作一件"衣服"穿了，从而失去了飞翔的功能。

有时候我在想，能不能将步行蝗虫的残废原因归结为阿尔卑斯山地区艰苦的生活环境呢？我想这样想是缺乏根据的。因为除步行蝗虫外，其他的蝗虫都能够飞呀！我想任何生物的进化之所以会成为这个样子，而不成为那个样子都有自己的原因。只是我们现在还找不到步行蝗虫不会飞翔的根源罢了。

蝗虫产卵

八月末是观察蝗虫的大好时候。在暖和的阳光下，蝗虫妈妈总是会选择一个很好的地方安置它的卵。它慢慢地用力将圆形的探测器——它的肚子，垂直插入沙土中，直至完全插进去。当然蝗虫妈妈是很费劲的，因为它的肚子是软的，比不上钻头那样坚硬。但是为了生出孩子来，蝗虫妈妈最终会靠着坚忍不拔的精神将肚子完全钻进地里面去。

你看看，意大利蝗虫妈妈的下半身已经全部埋在沙地里了，它轻轻地抖动着身体，显然是在一阵一阵地用力将输卵管里面的卵排到沙土里面；头部也一抬一落，这是脖子上脉搏跳动的反应。当蝗虫妈妈产卵的时候，总是会有一只蝗虫爸爸在旁边站岗，警惕地保护着蝗虫妈妈顺利地产下宝宝。蝗虫妈妈有时候也很搞笑,在产卵的时候会看看身边也在产卵的同伴,好像饶有兴趣地说:"我们比比看谁快!"

整个产卵的过程大约持续四十多分钟,然后蝗虫妈妈就猛烈地挣扎起来,跳到很远的地方去了。我很奇怪,为什么蝗虫妈妈不爱护一下自己的卵呢?哪怕是把产卵的洞口给堵上也好啊?看来意大利蝗虫妈妈对子女没有爱心。

不过不是所有的蝗虫妈妈都这样冷漠无情,比如有一种黑条蓝翅蝗虫妈妈,它们产完卵以后就会用它们的后爪扫出一点儿沙子将产卵的洞口掩盖起来。

当蝗虫妈妈把所有的卵都产完后,大多数都会发出一些声音,可能它们是在庆祝自己生育了新的生命吧。

我们家乡最大的蝗虫可以算是灰色蝗虫了。这种蝗虫的身材比较大,它的脾气比较好,生活也比较朴实。我对这种蝗虫了解得很透彻:它大约是在四月底交尾,交尾后过几天就开始产卵。这种蝗虫妈妈产卵的时间非常长。蝗虫妈妈肚子的末端有四个短短的钩爪一样的挖掘器,分成两对。上腹部的那一对比较粗,弯钩朝上。下腹部的一对细一些,弯钩朝下。这些弯钩非常锋利和坚硬,可以用来挖掘土壤。

当灰色蝗虫妈妈要产卵的时候,它首先把自己的肚子弯起来,与身体形成直角,然后用肚子上的钩爪先挖开地面,把泥土碾成粉末状,然后挤到一旁去,再将肚子塞进土里面。灰色蝗虫妈妈可细心了,它会挖好多的坑,选择其中一个最好的坑作为存放宝宝的仓库。我就见过一只灰色母蝗虫一口气挖了五个坑,但它对这几个坑都不满意,于是都给遗弃了。我仔细观察了它所挖的坑,太惊人了,这些坑全部是垂直向下的,椭圆形的,里面非常干净。我想就算是人们用钻机来钻,也无法达到如此的完美。

　　在灰色蝗虫妈妈第六次钻坑的时候,它觉得这次选对地方了,于是就决定在这里产卵。产卵的时间持续了整整一个小时。当蝗虫妈妈把所有的卵都产完以后,它就把肚子一点一点地拔出来。我看见它的排卵管的两瓣不断地一开一合,流出了一种像奶一样的黏液。这种黏液在产卵的洞口形成了一个圆形的突起,然后黏液渐渐地变成硬块。蝗虫妈妈用这个硬块来封住洞口。于是它便可以放心大胆地走开,不用再管这些卵了。

　　如果你挖开卵坑,你会发现卵坑里面除卵外,还有一种泡沫状的黏液。卵只占据了卵坑的下面部分,而上面部分全部被这种黏液所占据。

　　不同的蝗虫妈妈制造出的卵坑都不一样。灰色蝗虫妈妈的卵坑样子像圆柱体,长约六厘米,宽八毫米。上端露出地面,像隆起的瓶塞。卵是黄灰色的,像纺锤一样,淹没在泡沫的黏液里面。卵的数目不多,总共才三十多个。

　　另一种蝗虫妈妈叫作黑面蝗虫,它的卵坑呈略带弯曲的圆柱形,长约三四厘米,宽五毫米。卵更少,只有二十多个,橘红色的,还有一些小斑点,卵上面的泡沫黏液形成了一个长方体的柱子,细细的,还是透明的。

　　蓝翅蝗虫的卵坑像一个倒着的逗号,下面要比上面大一些。卵也不多,就三十多个,呈现橘红色。卵上面同样有一根细细的泡沫黏液形成的柱子。

　　步行蝗虫的卵也很少,大约二十四个,深红色,有些细点花边。

　　我观察到一种特殊的蝗虫,它可不喜欢在土里面产卵,而是在地面上。这正好给我提供了研究母蝗虫产卵时被埋在沙里面的肚子的变化以及产出来卵的样子的好机会。它就是长鼻蝗虫。长鼻蝗虫妈妈总是爬到很高的地方,排出非常黏稠的泡沫,泡沫很快凝固成为一条圆柱形的粗带。长鼻蝗虫妈妈将卵到处排放，好像只要能排出卵，就算完成了当妈妈的任务，至于卵究竟放到哪里了，会不会有危险，似乎都不用关心。这种蝗虫产下的卵颜色多变、最开始是草黄色的，然后颜色逐渐变暗起来，到了第二天，就变成了铁锈色了。

小 蝗 虫 爬 出 地 面

蝗虫妈妈产下了卵以后，就会迎来冬天。在寒冷的长冬之前，小蝗虫绝对不会孵化出来，因为它们很聪明，知道冬天的寒冷一定会将自己冻死，于是决定在土地下面温暖的茧里度过漫漫的长冬，等到春天来到以后，再破茧而出。

不过我在想一个问题，就是当第二年春天来临的时候，小蝗虫从茧里面爬出来后，它们又能不能从泥土里面爬出来呢？我真的很担心，因为漫漫长冬，雨雪交加，会把蝗虫妈妈留下的产卵坑通向地面的通道封堵起来，这样的话，小蝗虫不就被困死在地里面了吗？

为了把这个问题弄清楚，我仔细观察了蝗虫妈妈制造的卵坑。我不得不佩服蝗虫妈妈的建筑才智。当蝗虫妈妈把肚子从坑里拔出来的时候并不是用泥土去填充卵坑通向地面的通道，而是用泡沫状黏液凝固后的固体来保护这条通道。这种固体比较容易穿透。当然，由于风吹雨打，通道的顶部都会被泥土所覆盖，所以小蝗虫在轻轻松松地穿透黏液固体后，还是会遇到一层泥土。不过由于泥土比较薄，因此小蝗虫有能力掀开它。我想，如果坑的通道从下到上都被泥土堵住的话，小蝗虫肯定就没辙了，因为它们穿不透太厚的泥土。

你快看，一只小蝗虫正从茧里面爬出来，淡白色的，微微带有浅红色。刚从茧里爬出来的时候，简直就像一个活着的木乃伊。它把触须、触角和腿紧紧贴在胸部和肚子上，前腿曲折，后腿和前腿并在一起。它开始往地面爬了。只见它把爪子松开了一点儿，后腿甚至伸成直线。后腿上面有一个泡囊，泡囊以膨胀、收缩、颤动，它的脖子上也有一个泡囊，它就用泡囊作为挖掘的工具。

它挖啊挖啊，轻松地穿过了蝗虫妈妈留下的泡沫黏液固体，但是遇到了土层，真正的战斗开始了、它用尽全力对抗着泥土，一点一点地穿透着泥土。经过了一小时，它才在泥土层中向上前进了一毫米。整整用了好几天时间，小蝗虫才成功地穿透在我看来薄薄的一层泥土。它来到阳光下了，阳光的滋味是如此美妙。

就这样，蝗虫开始在阳光下成长。蝗虫成长过程中有一个非常吸引人的步骤，就是蜕皮。一旦蝗虫蜕掉身上的皮，它就长大一次。现在让我们来欣赏一下蝗虫蜕皮的过程吧。

小蝗虫的身体在不断长大，但是它的皮套子却不长，于是它开始觉得这件皮套变小了，不再适合自己了，就决定蜕掉它。

小蝗虫用后爪和关节部分抓住灌木丛的叶子，前脚弯曲，交叉在胸前。三角形的小翅膀打开了，像两片小叶子。这就是蜕皮前的准备姿势。

蜕皮的第一步是要让这件旧皮套破裂开来。它反复鼓动着翅膀的后端、前胸和颈部，产生一种膨胀力。它身上的血液早已经沸腾起来，血流就像被液压机压动一样，猛烈地在血管里面涌动，让血管附近的皮开始沿着血管出现裂痕。裂缝首先出现在胸部，因为这个地方的皮肤最脆弱。裂痕会往后延伸，一直延伸到翅膀的连接处，然后再向头部发展，逼近触须根部。

裂口打开了，背露出来了，看上去很软，没有血色，是白色的。背进一步隆出来了，直到它完全从皮套里面摆脱出来。接着轮到小蝗虫"出人头地"了，它把头也从皮套里面冲了出来，不过透明的大眼睛是失明的，好吓人。

触须也该蜕皮了，触须的体积与包裹它的皮套一样大，有一样多的枝节,但是却蜕得非常容易,就像从刀鞘里面拔出刀身一样。

接下去就开始蜕前腿皮了。蝗虫用自己的后腿倒挂在物体上,在空中荡悠悠的。前腿蜕皮也非常顺利,丝毫没有弄破皮套的地方。我在想,如果蝗虫的爪子抓不紧物体的话,那会怎样呢?一定会摔死的。是求生的本能让蝗虫的后腿牢牢地挂在物体上。

现在翅膀从皮套里面拔出来了,四个窄小的碎片,上面有一些淡淡的条纹。看样子,新的翅膀非常脆弱,有气无力地悬在头上。

后腿也该出来了吧。看,粗壮的大腿开始显露出来,这两只脱胎换骨的大腿开始时是淡淡的玫瑰红色,但很快变成了胭脂红色。

小腿可就没有这么幸运了,因为小腿上长满了小刺,在小腿的末端还有倒钩。正是由于这些小刺和倒钩,小腿蜕离旧皮囊才显得非常辛苦。在我看来,蝗虫要蜕掉小腿上的皮,非得弄得这层皮囊支离破碎不可。但是我发现自己错了,因为我发现蜕掉的小腿皮囊没有一丁点儿的损害,就连长小刺和倒钩的地方也没有将皮囊刺破,甚至连一点儿划痕都没有。我在想,要是有人让我把一把钢锯从薄膜套子里面拔出来的话,我肯定会弄坏套子的。

我真是惊叹蝗虫巧夺天工的能力,同时也想知道其中的秘密在哪里。经过我仔细观察,我发现它们小腿上的小刺和倒钩实际上是柔软的胚芽,受到力量就会弯曲。所以,在蜕皮的时候,它们都弯曲了,这样皮囊就不会被划破。当皮蜕掉以后,小刺又直立并且坚硬起来。

到目前为止,只剩下肚子的末端和皮囊还有一点儿连接。蝗虫只要把这一点儿连接给弄断,就获得解放了。

不过在最后一搏之前,它需要休息一阵子,只见它靠着自己已经脱下的皮大衣,鼓动着自己的肚子,肚子里面一定在流淌着某些汁液。就这样,它大概休息了20分钟左右。

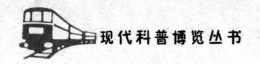
　　突然,蝗虫脊柱用力一提,前爪抓住旧皮囊,然后将自己倒着悬在空中,就像荡秋千一样自在。接着顺着灌木丛的叶子向上爬,用力一挣,肚子和皮囊就完全分家了。它获得了解放,皮囊掉到了地上。

　　你说蝗虫蜕皮是不是一件奇妙的事情?现在你对蝗虫的了解更多了吧?不知道你还会不会像从前一样讨厌蝗虫?的确,蝗虫有很多不好的地方,但是也有很多值得我们学习的地方,是不是?

毛　虫

你有没有被毛虫咬过或者蜇过？很多毛虫都有自己酿造的毒素，如果它们认为你侵犯了它们，对它们有危险，它们就会用毒素来对付你，让你知道它们的厉害。你被毛虫蜇过的地方一定会红肿、发炎甚至溃烂，让你永远忘不了这些看上去弱不禁风的小毛虫们。为什么这么小的毛虫居然精通如此厉害的毒药之术呢？我们来看看吧。

毛虫的毒素

松树上正爬着几条毛毛虫。这种毛毛虫有很大的毒性。它的毒性来自何处呢？现在我还不知道，但是我猜想，会不会来自整个身体的组织之中呢？我觉得自己应该做一些实验来证明一下。

我用针尖刺了五六条松毛虫，收集它们的血液。我用一小块吸水纸吸收了几滴血液，然后贴在我的前臂上。我准备用自己的身体来做实验。不用担心，现在还不知道血液有没有毒呢，就算有，这些毒素不会太厉害，我的身体经受得住。

夜深人静了，我却从梦中醒来。疼痛！我的前臂贴吸水纸的地方好疼啊！可是我却非常高兴，因为这证明我的猜想是正确的。松毛虫的血液里面的确含有有毒物质，这种物质能够引起搔

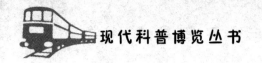

痒、肿胀、灼热、脓疮等皮肤创伤。

我又进一步地想,毒素对于松毛虫来说,应该是一种废物,而不是营养物质,是需要排泄出体外的。既然是一种废物,那么毛毛虫的粪便里面也应该有才对。看来,我又需要做一个实验。

我把几小撮毛毛虫的干粪便放在乙醚里面浸泡上一两天。乙醚本来是无色透明的,现在却变成绿色的了,就像植物的叶绿素溶液一样。我把浸泡形成的溶液进行蒸发,提炼出几滴浓缩液。然后我也找出一张吸水效果很好的纸,浸润上浓缩液,贴在我前臂的一块娇嫩的皮肤上,为了增加渗透效果,我还用麻布缠紧吸水纸和皮肤。

整个晚上,我好难熬啊!痒啊、灼热啊、疼啊!二十个小时以后,我取下了这张纸片。我看见了自己的皮肤,肿了,而且很红,变得很粗糙,起皱纹,还坏死了。第三天,肿痛更加厉害了,而且扩散到了肌肉层。我用手弹了一下肌肉,肌肉就像熟鸡蛋清一样有弹性,而且是红红的。然后便出现一些黏黏的液体渗出的现象,积成一滴浆液。第五天,我的那块皮肤开始溃烂,看上去表皮已经烂掉了,红色的肉颤动着,恶心得要死。

直到三周以后,我的患处才开始恢复。红肿减退,但红斑还在,持续了很长一段时间。一个月以后,我还能感觉到痒和灼热。慢慢地,痒和灼热感才开始消退,不过红斑仍然还没有褪去。差不多三个月以后吧,红斑才完全消失掉。

我可以得出一些小结论了。松毛虫的毒素是体内器官生命活动产生的一种废物,是有害的物质。这些有害物质的构成大部分是消化产生的残余物,也有一部分是尿。这种毒素是毛虫用来自我保护的一种手段。这个世界上有很多种类的毛虫,有像毛毛虫这样全身长满毒刺的毛虫,也有像蚕一样裸露身体的毛虫。它们都会用自己酿制的毒素来保护自己。

刚才我谈到了,毒素不仅仅属于有毒刺的毛虫,全身光滑的毛虫也有毒素。有的人不相信,他们认为全身光滑的毛虫怎么会有毒呢？就算有毒，连一个攻击的工具都没有，又怎么发挥毒液的效力呢？

究竟谁正确呢？我们让事实来说话吧。我们就选择蚕来做实验吧。蚕可是一种光光的、柔柔的毛虫，一点儿没有攻击性。人们可以任意地玩弄它，享受它嫩嫩的皮肤给我们带来的快感。但是不要被表面现象所迷惑哟。皮肤没有毒，不表示蚕就没有毒素。

我们可以把蚕的粪便收集起来，把浸泡过的液体浓缩成液滴，按照上面的办法进行实验。结果怎样。你知道吗？我的皮肤长出了溃疡，疼痛难当。那种感觉就跟松毛虫毒素侵害皮肤的感觉一样。

看来我前面认为的所有的毛虫都有毒素是正确的。其实养蚕妇早就有了相关的经验。她们时常感到自己双眼红肿，奇痒难熬，手臂也是又痒又肿，原因就在于这些养蚕妇们经常要去换蚕沙、换桑叶，由于蚕沙和桑叶上留下了很多蚕的粪便，如果手碰到了这些粪便，就会中毒。

不仅仅是蚕，我还用干蓝粉蝶、大戟天蛾、大孔雀蝶、二尾蛾、野草莓尼蛾的幼虫做过实验，情况都是一样的。

百毒不侵

我们已经了解毛虫都有毒素，但是我还有一个问题没有解决，那就是为什么它们自己没有被自己的毒素毒伤呢？是不是它们百毒不侵，或者对自己的毒素有天然的抗拒能力？我不知道，只好又去观察这些毛毛虫们。

我找到了一个松毛虫的家，我看见松毛虫就在自己排泄的一堆废物上爬来爬去，东转西转的。我感觉到这种毛虫一点儿都不讲究卫生，家都这么脏了，还能看得惯。我在想，这种毛虫一天到晚都在含有毒素的粪便上面爬来爬去,怎么它的皮肤不中毒呢?我再仔细一看,就明白了。因为松毛虫的皮肤非常光滑,压根儿就不会粘上任何粪便。那么毛虫身上有很多毛,难道这些毛也不粘一丁点儿的粪便吗?当然会粘上一点啊,只不过它从小到大都生活在这种环境里面,已经习惯了与毒素共存。

另外一种毛虫是尼蛾毛虫,它避免被毒素侵害的方法是将粪便拉到广阔的田野里面去,它们从来不在自己拉的粪便上停留。

蚕的生活环境比较狭小,而且一天到晚都几乎在同一个地方爬来爬去,也许你会认为它们一定全身沾满了毒素。实际上不是的,因为蚕尽管爬来爬去,但是却因身体光滑,难以粘上毒素,而且它们从不停留在粪便中,而是高居脏物之上,一层桑叶就能把它们与脏物隔开。

在研究了毛虫毒素的毒性以后,我对另一个问题产生了兴趣,那就是这些毒素究竟是如何产生的。究竟是它们消化的残渣还是身体细胞活动后产生的残余物?看来我需要找一些这样的毒素来分析分析。

我在"荒石园"里的那棵老槐树下找到了成百条说不出名字的毛虫。它们的身上都长有刺,看来是够毒的。这些毛虫属于一种叫作蛱蝶的毛虫。我把在榆树上的虫子养在了我特别选择的金属罩下,到了五月末的时候,这些毛虫全部变成了蛹,蛹的尾部用丝做成的垫子倒贴在了罩子的天花板上,荡荡悠悠的,好不自在。十五天以后,蛱蝶出茧了。我早早地就把一张大的白纸放在了钟罩下面。我要干什么呢?你看好了。

我要取这种蝴蝶的"红液"。当这些蛱蝶出生后,需要把体内淤积的残余物质排出体外,于是就会流出一种红色的粥状物,我称之为"红液"。这种液体就像血滴一样,一滴一滴地落下来。不知道原因的人看见了还以为真是谁流血了,准保吓破胆了。我就用我的这张大白纸接住它们排出的这些"红液"

这些"红液"在白纸上面快速沉淀出一种含尿酸的玫瑰色的

粉状物,漂浮在顶层的液体则是深深的胭脂红色。等到纸干以后,我将"红液"浸过的纸剪下来,泡在乙醚里面。等到"红液"充分溶解在乙醚里面,我就进行蒸发,获得浓缩液。经过分析,可以证明这浓缩液也是一种含有尿酸的物质。

我换了很多种毛虫进行同样的试验,结果一致:它们排出的毒素都是一种含有尿酸的物质。这说明毛虫的毒素是身体细胞活动产生的含有尿酸的排泄物,而不是消化后遗留的食物残渣。

总的来说,经过我各种各样的试验,证明了两件事情:一件是所有的毛虫都有毒素;另一件是这些毒素都是身体细胞活动产生的排泄物。这可真是两个了不起的发现啊!

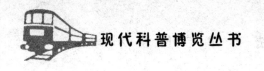

寄 生 虫

在八九月里,让我们找一个在斜坡上面能够被炽热的太阳所烘烤的沟渠吧。假如你能找到这样一个地方,那么你就找对地方了。因为在这样的地方正好有各种各样的昆虫生活着,你可以轻而易举地抓住它们。比如象虫、蝗虫、蜘蛛,还有蝇虫、蜜蜂、螳螂和毛毛虫等。这是一个热闹的地方。

这些勤劳的昆虫们生活在这里,它们做着不同的工作,比如砌砖、结网、织布、咀嚼、收获、狩猎、储存。它们靠着自己的劳动来养活自己。但是在这样的世界中,却存在一些不速之客,它们不劳而获,用贪婪的眼睛看着别人的劳动成果,并且想方设法利用别人来给自己牟取福利。这样的一些昆虫我称之为"寄生虫"。

坏　蛋

生存的斗争处处存在,这不仅仅适用于人类社会,同样也适用于昆虫世界。劳动者竭尽一生创造的财富,等到自己一死,所有的东西也就沦为了寄生虫的占有物。有时为了争夺财富,寄生虫还会制造谋杀、抢劫、绑票之类的恶性事件,充满了罪恶和贪婪。

至于劳动者的家庭,劳动者们曾为它付出了多少心血,贮藏了多少它们自己舍不得吃的食物,最终也被那伙强盗活活吞噬了。世界上几乎每天都有这样的事情发生,可以说,哪里有贪婪,哪里就有罪恶。昆虫世界也是这样，只要存在着懒惰和无能的虫类，就会有把别人的财产占为己有的罪恶。

你看吧，蜜蜂的幼虫们要么被母亲安置在四周紧闭的小屋里，要么待在丝织的茧子里，为的是可以静静地睡一个长觉，直到它们变为成虫。可是这些宏伟的蓝图往往不能实现，敌人自有办法攻进这四壁不透的堡垒。每一个敌人都有自己精妙的战术和战略，它们最终会进入这个城堡，在沉睡的幼虫身旁，异族的卵被送了进来。这个异族卵不仅仅满足于寄人篱下，而且还会反客为主。因为等这个异族卵里面的生物孵化出来之后，它们不会离去，反而要去吃掉房子主人的卵。把主人的孩子当作自己有营养的粮食。主人的房子被强行霸占还不够，还要失去自己孩子的生命。这简直就是彻头彻尾的谋杀。

无独有偶，我们再来看看这个例子。身上长着红白黑相间的条纹，形状像一只胖乎乎而多毛的蚂蚁的家伙，在斜坡上慢慢地走着，来到一个不被人发现的地方，还用它的触须在地面上试探着。它想挖掘地下的宝藏吗？如果你认为这是一只粗大强壮的蚂蚁，那么你就犯了一个错误。伪装改变不了这种寄生虫丑陋的本性。这是一种没有翅膀的双刺蚁蜂，它是其他许多蜂类幼虫的天敌。

你别以为它没有翅膀就不厉害了，它可是有一把短剑，或者说是一根利刺。只见它犹豫了一会儿，在某个地方停下来，开始挖掘土地，最后居然挖出了一个地下巢穴。这巢在地面上并没有痕迹，但这家伙能看到我们人类所看不到的东西。我就奇怪难道它能够看穿地皮，窥视下面有什么东西？它简直就像老练的盗墓贼似的。它钻到洞里停留了一会儿，最后又重新在洞口出现。这一去一来之间，它已经干下了无耻的勾当：它入侵了别人的茧，把自己的卵产在那睡得正酣的幼虫的旁边，等它的卵孵化成幼虫，就会把别人茧里面的幼虫当作丰美的食物。

有的时候，这个世界上的美丽是邪恶的掩饰品。比如另外一种虫，满身闪耀着金色的、绿色的、蓝色的和紫色的光芒。它们是昆虫世界里的蜂雀，被称作青蜂。从它貌美如花的外表来看，你怎么也想不到它居然是一名盗贼和杀手。可它们的确是用别的蜂的幼虫作食物的昆虫，是个罪大恶极的坏蛋。

这十恶不赦的青蜂并不懂得挖人家墙角的方法，所以只得等到母蜂回家的时候像贼一样溜进去。现在注意了，一只半绿半粉红的青蜂蹑手蹑脚地走进一个泥蜂的巢。它开始展开自己的行动了。不巧，正值泥蜂母亲带着一些新鲜的食物来看孩子们。于是，这个强盗就和主人撞了个正着。但是它似乎还非常理直气壮，堂而皇之地进了"巨人"的家，它一直大摇大摆地走到洞的底端，对泥蜂锐利的刺和强有力的嘴巴似乎没有丝毫惧意。

至于那母泥蜂，不知道是不了解青蜂的丑恶行径和名声，还是给吓呆了，竟任它干它想干的事情。就这样，在主人的眼皮底下，青蜂将自己的卵注入到了泥蜂的卵里面。

被侵犯者的无动于衷与侵犯者的肆无忌惮形成了强烈的反差。一切入侵行动都没有被阻挠，好像是命中注定的一样。第二天，如果我们挖开泥蜂的巢看看，就可以看到几个赤褐色的针箍形的茧子，开口处有一个扁平的盖。在这个丝织的摇篮里，已经没有泥蜂的幼虫了，取而代之的是青蜂的幼虫。因为青蜂的幼虫已经把泥蜂的幼虫当作美餐，吃得只剩下了一些破碎的皮屑了。

我说过了，那些披着漂亮外皮的昆虫往往内心狠毒。蚁小蜂就是属于这样的一类昆虫。你看它有多美啊！它身上穿着金青色的外衣，腹部缠着"青铜"，以及"黄金"织成的袍子，尾部系着一条蓝色的丝带。可是它却选择过寄生的生活。当一只黑胡蜂在悬崖上筑好了一座弯形的巢，把入口封闭，等里面的幼虫渐渐成长，把食物吃完后，吐着丝装饰着它们的屋子的时候，蚁小蜂就在巢外等候机会了。由于风吹雨打，黑胡蜂精心布置的巢穴难免会出现一些裂缝或是小孔。这些漏洞正好给蚁小蜂提供了机会。它们顺着这些漏洞把它们的卵塞进黑胡蜂的巢里去。总之，到了五月底，黑胡蜂的巢里又多了一个针箍形的茧，从这个茧里出来的，是一个口边沾满无辜者的鲜血的蚁小蜂，而黑胡蜂的幼虫，成了蚁小蜂口中的佳肴。

正如我们所知道的那样，长有双翅的昆虫总是扮演强盗或小偷或歹徒的角色。虽然它们看上去很弱小，有时候甚至你用手指轻轻一碰，就可以把它们全部压死。可它们的确祸害不小。有一种小蝇，身上长满了柔软的绒毛，娇软无比，你只要一碰，绒毛就会脱落，这种昆虫叫作蜂虻。它们脆弱得像雪片，但是却有着惊人的抢劫能力。它的翅膀振动得飞快，你看不出来它是在飞，只是看见它在离地不远的空中一动不动，好像是在休息一样，或者是被一根看不见的线从空中吊在那里。但是一旦你稍微发出一点儿声响或者接近它，它就突然不见了。

于是你就到处张望，以为它会跑到别的地方去了，不过你肯定找不到它。你一定想不到，它哪里都没有去，仍然在原地。不信，你重新把视线调整回去看看，它就在原地。一动不动的，它刚才迅速地离开了，然后又迅速地飞回来。它飞行的速度是如此之快，使你根本看不清它运动的轨迹。

那么它在空中干什么呢？它正在勘测地面的情况，找到一个它认为合适的地方以后，它就会将自己的肚子贴近地面，将卵放在那里。这个放卵的地方一定与其他昆虫的巢很近，因为当它们孵化出来以后，它们本能地要去偷别人家里的食物。我现在还不能断定它的幼虫所需要的是哪一种食物：蜜、猎物，还是其他昆虫的幼虫？

有一种灰白色的弱小的蝇虫叫作弥寄蝇，我对它比较了解。它蜷伏在日光下的沙地上，饶有兴趣地守在一个窝的旁边，等待着抢劫的机会。过了一会儿，当各种蜂类猎食满载而归：长喙泥蜂载着虻，大头泥蜂载着蜜蜂，节腹泥蜂载着象虫，布甲载着蝗虫,这个时候弥寄蝇就出现了,来来去去,围绕着狩猎者,紧跟在它们的身后,伺机下手。当昆虫把猎物夹在腿间拖到洞里去的时候,它们也准备行动了。就在猎物将要全部进洞的那一刻,它们飞快地飞上去,停在猎物的末端,产下了卵。这一切发生得非常之迅速,主人们还来不及做出反应,一切就过去了。它的卵孵化出来以后,将把主人捕获的猎物全部吃进自己的肚子里面,而且还在饥饿的时候将主人的孩子们拿来下酒。

另外有一种在炽热的沙地上休息的昆虫,它是一种卵蜂,翅膀很大,张开来一看,一边是黑边的,另一边却是透明的。它模仿它的近邻——蜂虻,穿着一身丝绒外套,它也是一种寄生虫。

寄生虫在抢夺别人食物的时候,为了防止自己被发现,也为了自己能够不遇到危险,它们一般都有比较明显的拟态色。什么是昆虫的拟态色呢?就是昆虫身体的颜色同它们长期生活的环境接近的颜色。拟态色能起到很好的遮掩作用。有人问我,为什么要长出拟态色来呢?我想只能用适应环境之类的解释来说明了。这种拟态色是保护种族繁衍的手段。

强盗要骗过它的猎物,就需要拟态色的帮助。你看看丛林里面的老虎、看看绿树枝中间的螳螂,它们身体的颜色都跟环境非常接近,这样就容易骗过别人的眼睛。寄生蝇似乎证明了这一点。它们的颜色是灰色的,就像他们生活的灰土一样,这样不就是"清一色"了吗?为了更容易欺骗,寄生虫还想到了一招,就是将自己的颜色变成与自己想要寄生的户主的颜色一致或者相类似。这样看来,别的昆虫还以为它们是自己的邻居或同类,于是放松了警惕。

当然,拟态色也不是寄生虫适应环境的唯一方式,而且未必能够总是奏效。所以,过高的估计拟态色对于寄生虫能够起到人不知鬼不觉地寄人篱下的作用,也是一种不科学的蠢话。

说点坏蛋的好话

不过另外一个问题也就被提出来了，为什么会有一些昆虫以寄生的方式来求生存呢？难道它们天生就懒惰吗？也许你会这么认为，但是我不敢苟同。尽管在我们人类看来，寄生不是一件好的事情，似乎同不劳而获联系在一起，不过事实上，据我所观察，这些寄生虫也不是不劳动的，它们的生活往往比别的昆虫更加辛苦。

比如膜翅目昆虫，它是一种寄生虫。它一天到晚都在酷热的地面上走来走去。是多么的忙啊！它无休止地寻找可以寄放卵的地方，但是却往往徒劳无功。在遇到一个合适的巢穴之前，它要千百次地钻进无数个没有利用价值的洞进行实地考察。它们在将自己的卵放在别人卵里的过程也是非常辛苦的。它们不像巢穴的主人一样，可以慢条斯理的产卵，因为是在做贼，所以产卵是断断续续的，完全靠运气，能产几个就算几个。它们不能休息，只能不停地产卵；它们不求子孙满堂，但求能够有香火相传。

为了说明问题，我们可以再来仔细看看一个事例。这个事例与脐蜂有关。脐蜂是高墙石蜂的寄生虫。当石蜂完成了自己巢穴的建设后，脐蜂就出现了，它们经常挖掘着石蜂巢穴的外壳。这个巢穴非常坚固，外面一层全是灰浆，至少有一厘米厚。脐蜂要用自己弱小的身体挖开灰浆是非常困难的。但是它还是勇敢地进行着工作。它一块一块地将巢穴外壳上面的灰浆挖下来，形成一个刚好可以供自己爬进去的通道。这种挖掘是一件非常缓慢而艰巨的工作，经常弄得脐蜂精疲力尽。后来我用小镊子拨动这个巢穴的外壳，发现居然和水泥一样坚硬。我这才体会到了脐蜂劳动的不容易。

我不知道脐蜂究竟需要劳动多长时间，因为我没有耐心从头等到尾。努力总算有了回报，辛辛苦苦挖了半天，蜂蜜流出来了，

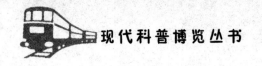

这表明通道打通了。脐蜂从通道爬进去了，在食物的表面产下了自己的卵。

当完成了任务之后，脐蜂还要将自己挖的通道给堵住。于是它又充当了一回建设者，它会飞到巢穴的附近采集一点儿红土，然后用自己的唾液将其溶成砂浆。准备好材料以后，便像一个泥水匠一样开始工作。看来脐蜂的工作是艰苦的，在挖开巢穴的时候要充当钻探工，而在堵上巢穴的时候又要成为一名水泥匠。

所以有时候退一步想，尽管寄生是一件不光彩的事情，但是也不能因为这样就把这些寄生的昆虫们给完全否定。毕竟它们的生存方式是这样的，并且也不能说它们就没有付出一点儿劳动。另外，还有一点需要告诉大家，这些寄生的昆虫从来不会自相残杀，不会吃同类的食物或者幼虫来养活自己的孩子，寄生虫掠夺的都是其他种类昆虫的食物，所以跟我们所说的"懒汉"还是有区别的。你还记得蚁小蜂吗？没有一只蚁小蜂会去沾染一下邻居所隐藏的蜜，除非邻居已经死了，或者已经搬到别处去很久了。其他的蜜蜂和黄蜂也一样。所以，昆虫中的"寄生虫"比人类中的"寄生虫"要高尚得多。

从本质上来说，寄生不是一种享受，而是一种"行猎"行为。表面上是坐享其成，但实质上寄生虫付出了劳动。例如那没有翅膀，长得跟蚂蚁似的双刺蚁蜂，它用别的蜂的幼虫喂自己的孩子，就像别的蜂用毛毛虫、甲虫喂自己的孩子一样。谁都可以成为猎手或盗贼，就看你从什么角度去看待它们。

其实，在这个地球上，人类吃了小牛的牛奶、吃了蜜蜂的蜂蜜、吃了鸡的蛋，一切动物和昆虫都难逃人类的魔爪，人类才是最大的寄生虫。但是好像我们人类会说，我们虽然享受了昆虫、动物乃至植物的成果，我们付出劳动了，所以我们不算是寄生。这样看来，那些原本被我们认为是寄生虫的昆虫，就不应该再被看作是在寄生了。

天　牛

当我还小的时候,我认为天牛有奇异的嗅觉,仅仅靠闻到的香味就能辨别出很多的东西。可是我太天真了,因为天牛所具有的奇异功能可和我想象的不一样,或许比我知道的要多多了。

天 牛 的 童 年

当灰色的天空预示着寒冬逼近的时候,我便开始着手储备过冬用的烤火木材。我在漂亮的橡树上看到一条条的伤痕,有的地方还被打了洞,洞口流着"脓"——树的一种汁液。在树上的沟痕里面,各种各样的毛虫已经做好了宿营的准备。壁蜂已经在咀嚼碎的树叶组成的长廊里面布置好了自己过冬用的房间。在前厅和蛹室里,切叶蜂也用树叶做好了自己的温暖的睡袋。天牛也在痛快地休息着呢,它才是吃空橡树的罪魁祸首。

天牛的幼虫非常奇特,就像一些蠕动的小肠。天牛的幼虫一般在中秋时节很常见,每年在这个时候,我都能看到两种年龄段的天牛幼虫,一种像手指一样大,一种像粉笔一样大。另外,我还看到过颜色深浅各异的天牛蛹和一些完全成形的天牛,它们的腹部都胀得鼓鼓的。等到天气转暖,它们就会从树干中爬出来。

在天牛的幼虫爬出来之前,它们要在树里面生活三年,它们需要在大树的保护下度过童年的生活。那么,在这么长的时间里,它们是怎样在树里面生活的呢? 天牛出生后的三年内,不出

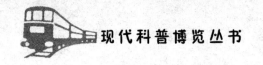

大树,就在树里面爬来爬去,不停地挖掘树木的身躯,将树木的汁肉作为自己的食物。这就是前面我提到的为什么天牛才是毁坏大树的罪魁祸首的原因。

天牛幼虫的身体器官给予了它吃空大树的能力。你看,它的上颚像一个半圆形的凿子,又黑又短,而且非常坚固,具有锋利的边缘。它的上颚是挖掘树木的极好工具。为了使上颚能够高效地挖掘,天牛将肌肉的力量都转移到了身体的前半部分,全身呈现出锄的形状,猛烈地挖掘着前方的树木。嘴边黑色的角质盔甲可以加固它的上颚,使它身体的后半部显得比较纤细一些。其他部位的皮肤与上颚的感觉可大不相同,相反,它们很细腻、很洁白。我想这样柔嫩洁白的皮肤下面一定包含着营养丰富的脂肪层。这些营养来自于它们不断摄入的树木木屑。

天牛幼虫的足长在胸部。这些足非常奇特,由三部分构成。第一部分是一个圆球的样子,最后一部分则细得像一根针一样。足的长度只有一毫米,对于爬行没有什么帮助。这么短这么细的足怎么能够支撑起它的体重呢?既然足不是用来爬行的,那么它爬行的时候是靠什么东西呢?它们靠的是另外一种长在背上的爬行器官。

那就让我们来仔细看看它们的爬行器官究竟是什么样的吧。天牛幼虫的肚子上有七个环节,上下长有一个布满突起的四边形的平面。这些突起可以随心所欲地膨胀、凸出、下陷和上升。当天牛想前进的时候,它就先鼓起长在背上和肚子上的布带,而挤压身体前半部分的布带。由于身体的皮肤比较粗糙,后面几个布带就将身体固定在狭小的树中通道壁上,以获得支撑。压缩身体前部分的几个布带,往前努力探出身体,这样它就向前蠕动了半步。不过身体的运动还没有做完,天牛幼虫还要把后面的半截身体给拉上来。这才完成了一次迈步。

天牛幼虫前进的方式值得我们详细研究一下,非常有趣。我们来看看吧。

我们现在知道了，天牛幼虫在树洞里面蠕动前进的时候，是借助身体上布带的拉伸和收缩，伸出前半身，拖动后半身，完成一次前进。但是如果背上和肚子的布带只能用一个的话，那么它的身体就不能完成蠕动。如果把天牛幼虫放在光滑的玻璃板上，那么它也不能完成前进。因为尽管它的身体努力地蠕动，但是由于缺少摩擦力，身体附着不到任何东西，因此你只看到它在那里不停地扭曲身体，抬高、放低、抬高，可就是移动不了。看来，这些毛虫只能在粗糙的表面才能够爬行，否则就只有原地踏步了。

　　天牛有视觉吗？当天牛还是幼虫的时候，它们对光线一点儿感觉能力都没有。你想想，它们要在树干里面待上三年，在漆黑一片的树干里面，拿眼睛来干什么呢？但如果没有眼睛，它们怎么来识别方向和物体呢？它们靠的是灵敏的触觉。

　　天牛有嗅觉吗？也没有。嗅觉是当昆虫需要寻找食物的时候才派得上用场的一种辅助性感觉功能。对于天牛幼虫来说，它们只要在树干里面吃木头就行了，不需要自己出去捕食，哪里还需要什么嗅觉？不信，我们可以做一个实验来证明。

　　我在柏树干里面挖掘了一条通道，跟天牛幼虫挖的一模一样。你们可能不知道，柏树有刺激性的树脂气味，让人难以忍受。但是当我把天牛幼虫放到这个柏树里面，它们就跟往常一样，顺着通道爬啊爬啊，一直爬到了通道的尽头。难道这不证明了天牛的幼虫没有嗅觉吗？如果有的话，对于这些常年住在橡树干里面的天牛幼虫来说，就一定会有忍受不了的痛苦，它们一定会很不愉快，甚至会逃走。事实上它们却一点儿反应都没有。

　　我又做了一个更有说服力的实验。我将樟脑放在天牛爬行的通道里，而且放得离天牛很近。你们要知道樟脑的味道足以让有嗅觉的昆虫避而远之，而天牛幼虫却是一副什么都不知道的样子。我又用萘(nài)(卫生球的主要成分)来做实验，仍然是没有对天牛幼虫产生任何影响。

　　五官感觉中，就剩下味觉了。天牛幼虫有味觉吗？有，但是

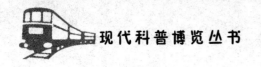

也可以说没有。为什么呢？事实上，天牛幼虫可以品尝出橡树的味道，从这个角度来说，它当然就算有味觉。但是，它除吃橡树外还吃什么呢？什么都不吃了。所以，世间美味都没有它的份，它只知道橡树的味道，这与没有味觉有什么区别呢？

看来，天牛幼虫没有多少感觉能力，如果让我打一个比方的话，它就像一节小肠一样，如此而已。

天 牛 的 预 测 能 力

尽管我不看好这些天牛幼虫的感觉能力，但是我却不能不佩服它的预测能力。此话怎讲呢？什么都别问，听我告诉你。

当天牛的幼虫长大以后，就需要从大树里爬出来。我的实验表明，成年的天牛想从大树里爬出来简直是天方夜谭。我将一段橡树树干劈成了两半，并在其中挖掘了一些适合成年天牛容身的洞穴。然后，我把成年的天牛放到这些洞里面去，再把两段橡树干合上。我听见树干里面传出敲打的声音。它们能够出来吗？

可惜，没有一只能挖开树木出来。当树木中间停止了声响的时候，我把树木打开，里面的成年天牛全都死了，洞穴里面只有一小堆木屑，显然是它们尝试过挖开树木，可是它们没有这个能力。

我又把它们关在了芦苇杆里面，看看这次的情况。结果除了几只天牛能够逃出来之外，其他的都死在里面了。于是我知道了，如果等到成年以后，天牛才开始想着如何从橡树里面爬出来，显然是晚了。于是天牛在小的时候就必须开始准备长大后如何逃生。小的时候就知道长大后会遇到什么事情，并且知道需要做什么，这难道不是一种预见吗？

对，这就是天牛智慧的表现。当它们还是幼虫的时候，它们就开始用坚硬而锋利的上颚向橡树的表层进行挖掘，一直挖到离树的表层只有薄薄一层的时候才停止工作。有的顽皮的幼虫干脆把这最后的一层也给捅穿了,直接面向外面的世界。等到天牛成年以后,只需用上颚轻轻捅破这一层表皮就可以获得解放。

为了防止敌人从通向树表的通道来攻击自己,它给自己的房间进行了封顶。封顶大概有二三层。最外面一层是由木屑构成的,里面一层是由矿物质构成的白色封盖。这样,天牛的幼虫就可以安稳地在自己的房间里面生活,而不会受到树皮外面鸟儿的骚扰。

天牛还给自己的生活环境做了很好的布置。比如,它从房间壁上啃下一条一条的木屑,别看这些木屑很乱,却成为了良好的睡垫。天牛幼虫还在房间的墙壁上也抹上了这种木屑,这相当于给墙壁贴上了壁纸。

当修好通往外界的通道,装饰好自己的房间,封锁房间的顶端以后,天牛幼虫就完成了自己童年时期的使命。于是它一头钻进自己的被窝里面,放心地进入了蛹期。在睡眠之中,蛹的头始终朝向大门的方向。其实它是故意这样的,因为只有在头朝着大门的情况下,披着盔甲的成年天牛从蛹里爬出来才有足够大的空间转身,否则就会被困死在自己营造的居室里。

蛹期一过,成年的天牛就会从蛹里爬出来,它们顺着自己在童年时代给自己准备好的通道往树的表皮爬行。它们的力气很大,轻轻松松就顶开了一层又一层的封顶,然后经过最后一搏,顶开了通向外面世界的窗户。天牛有生以来,第一次见到了阳光,呼吸到了新鲜的空气。

天牛的成长让我们了解到了除昆虫所具有的感觉能力外,它们还具有某种潜能,真是有趣极了。

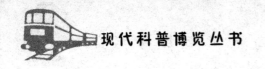

长 腹 蜂

　　我研究了很多种类的蜜蜂,长腹蜂是体态最为优雅,习性也最为怪异的一种蜜蜂了。它们经常来拜访我们的居所,但是我们却没有留意它们。其实对于这些光顾我们家的常客,应该给予更多的重视才对。

安 家 环 境

　　长腹蜂是一种很害怕寒冷的蜜蜂,一般要等到夏天来临以后才会出现。它们一般隐居在农家小屋里面,或者房子前面的一棵果树上面,或者树阴下面的一口井里面。总之是要非常暖和的地方它们才会光顾。

　　当仲夏到来的时候,它们就会不请自来,到处寻找合适的地方来建筑自己的巢穴。它们飞到我们的屋子里面来,尽管屋子里面会非常的吵闹,但是看样子也不会影响它们寻觅住宿的心情。它们大胆地在室内飞来飞去,用敏感的触角顶端来刺探天花板、房间的角落、壁炉、烟囱。总之,一切它认为可能安家的地方都要先去看看住房条件的好坏。如果它发现了自己满意的地方,会马上离去,不一会儿又回来了,并且带来了一团泥土,作为占领某一个地方,建设自己的家园的标志。

　　长腹蜂选择安家地点的标准是什么呢? 应该就是温度一定要比较高,而且恒定的地方。似乎烘箱、壁炉、烟囱这些地方比较符合标准。还真是这样，长腹蜂这次选择了烟囱作为自己的安家之处。它们的具体居住地点是烟囱的管壁上，离地面约有半米多高的地方。因为长腹蜂认为这个地方终年都会很温暖：夏天天气本来就很热；冬天有壁火供暖。不过这个地方也有不方便的时候，那就是经常受到烟熏火燎的困扰。烟熏让它们的家园终年都是脏的，一点儿都不卫生；火燎让它们受着被烤熟的危险。长腹蜂肯定有这样的经验，所以非常聪明，它们都把家安在了离火苗很远，但同时又有暖气的地方。

长腹蜂非常勇敢，一旦选定了安家的地点，无论烟熏火燎都不会吓倒它。每天，它们冒着烟和火的危险，从自己的家里飞出去寻找建筑房屋的泥土材料，然后又冒着烟和火的危险，飞回到自己选定的家去修建房子。

当我还是中学生的时候，我很幸运地亲眼看见了长腹蜂修建房屋的过程。那一天，我的家里正好在做大扫除。正当我准备去学校的时候，一只奇异的飞虫一头扎进洗衣桶正在鼓鼓冒出的水雾气中，而洗衣桶就放在宽敞的壁炉台下。我看见它的身体矫健，体态轻盈，肚子非常长，我敢肯定这就是长腹蜂了。由于我要去学校，没有时间观察，我就让家人不要打扰它的活动，等我回来的时候再来看它。

当我回来的时候，长腹蜂仍然还在洗衣桶里冒出雾气的后面施工。我迫切地观察起它修建家园的过程。同时为了不妨碍它，我把壁炉里面的火盆给挪开了，我害怕火太大，影响了它的活动。我看见它就在烟雾里面进进出出。它连续工作了好几天，我也连续观察了好几天。最后，这只长腹蜂成功地在壁炉里面建筑好了自己的家园，并且安置好了自己的亲人。小时候的这次机会太难得了，因为在我以后的四十年中，我家里的壁炉再也没有迎接到蜜蜂的栖居。

我曾经有过一个大胆的设想，长腹蜂会不会喜欢在自己出生的地方或者与出生地相隔不远的地方安顿自己的家呢？如果真

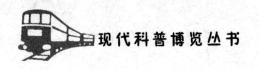

是这样,我岂不是可以收集一些长腹蜂的卵,放在自己的家里,等它们孵化出来后,就会在我的家里面安家立业,我的家不就又迎来了长腹蜂的栖居了吗?这样对我的研究也提供了便利。

于是我就将一些长腹蜂的卵放到了我家的厨房和壁炉里面,有的还放在了窗台上。我心里正暗自美着呢!但是事实证明,我的美梦破灭了,因为没有一只孵化出来的长腹蜂再回到自己出生的巢穴里面,也没有在我家的其他位置选择安家的地方。偶尔有一两只长腹蜂回到老家怀旧,但也是匆匆而来匆匆而去。于是我明白了,长腹蜂就是一个浪子,不会留恋家乡,而是需要四处漂泊,单独生活。

我的设想没有成功的另外一个原因恐怕就是城市里的长腹蜂并不多见,它们更喜欢在农村的房子里面安家。我早就离开了农村的家乡,而居住在了城市里,自然很少能够见到长腹蜂了。

前面我们知道长腹蜂喜欢在温暖的地方生活,比如壁炉里面。难道它们不怕被烤熟吗?究竟长腹蜂喜欢生活在什么样的温度下?我们就一块儿来观察一下吧。

我的观察是在缫丝厂的发动机房里。这里的锅炉非常大,几乎顶着天花板了。长腹蜂的家就安在天花板上,恰好在水蒸气冒出的正上方。我想那里一定热极了,可是长腹蜂喜欢。这里的温度常年在49℃左右。所以,一般来说,在农村的锅炉房里面,一般都有很多长腹蜂安家,而且数量还不少。

长腹蜂在这么高的温度下显得非常安逸,因为高温对于它们卵里面的宝宝是十分有利的。长腹蜂卵的发育必须需要较高的温度,否则就会夭折。

造 房 子

长腹蜂对环境的温度非常挑剔,但是对于巢穴的建筑艺术却漠不关心。有的长腹蜂将自己的家安在了裸露的墙壁上，或者是涂过灰泥的搁栅上。此外，它们的家还安在许多其他的支撑物上。

我曾经见到过一个蜂巢，建筑在一个干枯的葫芦里面。这个葫芦挂在农家的壁炉上，里面放着农夫狩猎时会用到的铅弹。这个场所居然成了长腹蜂居住的地方。我还见到过另外一些奇怪的蜂巢：有的建筑在一家蒸馏厂的一堆账簿上；有的则建在一顶倒扣在墙上只有冬天才用得上的鸭舌帽上；有的建筑在一块空心砖的窟窿里面，与一只黄斑蜂的蜂巢背靠背；有的建在一个装有燕麦的袋子上；有的则建在一根废弃的铅管里面……总之是千奇百怪的。

而且长腹蜂建筑自家房子的材料也不好，全是一些烂泥和细沙，都是从附近一些田地里拾回来的。如果附近有一条小溪，它就会在那里采集湿软细腻的河沙。用河沙来盖房子在长腹蜂看来是一件不错的事情。我家的小院里面有一片菜地，这里的土壤非常肥沃，并且充满了水分。一些住在附近的长腹蜂很快得知了这个好消息，于是赶紧飞了过来，哄抢着免费的建筑材料，即菜田里的泥土。它们有的选择了刚浇灌过的水槽，有的选择了布满了潺潺流水的一块水田。你看呀，它们扇动着自己的翅膀，翘起自己的六只脚，卷起黑黑的肚子，到处寻找泥土。它们用上颚仔细地搜索着，从闪亮的泥土里面挑出最好的部分。它们用自己的牙咬住小豆子大小的一块泥土，就开始往回飞，为自己的房屋添砖加瓦。就这样来来回回，它们不停地采集着建筑材料。只要泥土仍然保持湿润，它们就会一直在这个地方采集泥土。

它们最常去的地方是村子中央的大水池，那里有一片宽敞的半圆形空地。在这个地方，附近的人都到这里来给骡子饮水，牲畜的践踏让水池中溢出的水把四周的地面浸成了一片烂泥地，就算是夏天的烈日也没有办法把这片地给烤干。这片烂泥地给行人造成了很大的麻烦，但是却给长腹蜂带来了极大的实惠。它们

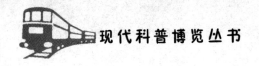

从四面八方赶过来,在这里相聚,在这里争夺建筑材料。

采集到泥团以后,长腹蜂并没进行加工,而是原封不动地粘到自己的窝上去。石蜂就要勤劳一些,它们要对采集回来的泥团进行加工。它们挑选干燥的灰粒,然后用自己的唾液来润湿,这样形成的泥团就有较大的凝固力。但是长腹蜂没有进行加工,所以它们采集的泥团就没有很好的凝固力,只要一下雨,它们的家就会变成一团烂泥,或者干脆融化得只剩下一滩泥水。无奈的长腹蜂,只能再将自己的家安在淋不到雨的地方。

尽管长腹蜂的房子还没有最后粉刷,但是看上去还是挺有特色的。它们的房间由很多小的房间组成,有时候并排在一条直线上,彼此紧挨着,就像一排公寓的房间一样。有的时候却是数量不等的集结在一起,层层叠叠。在那些最拥挤的蜂巢里面,我数了数,最拥挤的一层有十五间房子,其他楼层有十间左右的,也有三四间左右的,有的只有一间。我想,当房间并排的时候,房间的总数一定等于产卵的总数;当房间层层叠叠的时候,可能说明长腹蜂只产了部分的卵,稀稀拉拉的。

从外形上来看,整个蜂巢就像一个圆柱形,直径从顶端到底部逐渐增大,长三厘米,最宽的地方有十五厘米。蜂巢的表面抹上了一层薄薄的灰浆,十分均匀和光滑,可以看到一条条突起的倾斜细纹。每一条细纹都是建筑物的一层基石,夯完一层又一层,细纹就是这么产生的。数数细纹有多少条,我们就知道了长腹蜂来回奔波了多少次。我数了一下,有十五条以上吧,这说明长腹蜂跑了十五回以上,真够辛苦的。

长腹蜂的蜂房一般都是歪的,出口都是朝着高处的。就像水壶一样,只有开口向上,壶里面的东西才不会掉出来。

随着长腹蜂产卵期的临近,蜂巢一个接着一个地建好了,随后都被密封起来。为了加固好蜂巢,长腹蜂还会将整个蜂巢涂上一层涂料。不过就是一点儿都不好看罢了,看上去就好像一块被飓风刮到墙壁上而粘住了的烂泥。

饮食习惯

长腹蜂除安家的故事值得我们来讨论外,它的饮食习惯也是一件非常有意思的事情。

长腹蜂的幼虫喜欢吃蜘蛛这种野味,比如窖蛛、圆蟹蛛、狼蛛等,但是主要还是圆网蛛。常见的圆网蛛有冠冕圆网蛛、梯形圆网蛛、苍白圆网蛛、有角圆网蛛等。圆网蛛很常见,几乎在农村到处都有,所以长腹蜂找到圆网蛛作为美餐并不是一件困难的事情。

相比而言,长腹蜂对其他种类的蜘蛛就没有这么大的兴趣了。比如小家蛛吧,长腹蜂很少把它们放在眼里。因为长腹蜂觉得,只有圆网蛛的肉才够鲜美和细嫩。

长腹蜂在捕食蜘蛛的时候,一般选择那些体形还不太大的,因为大型的蜘蛛往往比较难对付。对于那些将会长得很大的蜘蛛,长腹蜂一般会在它们处在小个头儿或者中等个头儿的时候,就把它们抓走。

我曾经看见过长腹蜂同猎物搏斗的情景。长腹蜂根本不像其他昆虫捕食蜘蛛那样,先匍匐在地,小心翼翼地靠近,准备好武器,然后镇定而缓慢地展开攻势,而是猛然地扑向一只仓皇逃窜的蜘蛛,将它捆绑而走。动作非常敏捷,冲过去,抓住,离开。它们在飞扑过程中只使用了上颚。它们必须速战速决,因为蜘蛛的毒钩可能让长腹蜂受伤。

长腹蜂觅食有一个习惯,就是喜欢一次采购很多食物,堆在家里,省得每天都要为寻找食物而奔波。当然,获得这么多的食物也是需要努力的。如果天气好的话,可以在一个下午就搞定;如果天气不好,可能就需要好几天的工夫了。食物按照运到家里面的先后顺序进行堆放。先觅到的就放在蜂房的底层,后觅来的就放在蜂房的顶层。楼层足够牢固,因而不会出现食物压垮了楼

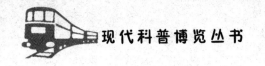

层的现象。

长腹蜂将卵放在了一个食物——蜘蛛身上,一般是蜘蛛的腹部底端。这样,刚好孵化出来的幼虫可以一张口就吃到食物中最具有营养,也最鲜美可口的地方,即蜘蛛的肚子。然后,幼蜂再吃掉蜘蛛的胸部、四肢。整个蜘蛛都会被幼蜂吃得一干二净。这种暴饮暴食的日子会持续很多天。

幼蜂会按照顺序将所有的蜘蛛吃完,它们不会在吃完一只之前开始吃另一只。因为身躯完好的蜘蛛可以保存更长的时间,而被咬得伤痕累累的蜘蛛很容易腐烂,而且伤口流出的汁液还含有毒素。每一次我打开蜂房,总能看见长腹蜂把卵放在第一只捕获的蜘蛛的肚子上。我想它这么做的原因也是想让幼蜂孵化出来以后从第一只蜘蛛开始吃。

然后,幼蜂开始制作自己的茧。最开始织出来的茧就像一个洁白无瑕的纯丝袋子。但是这样的袋子中看不中用,非常容易破。于是幼蜂会在茧里面混入一些沙粒,这样茧丝就变成了一层矿物质外壳。另外,幼蜂还会自己吐出一些液体,这些液体渗入到网眼之中,这样蜂茧就变成了一个琥珀色的漆器。

受气候条件的影响,幼蜂的卵期会有长有短。如果茧是在七月织成的话,八月就可以孵化出成型的长腹蜂。有的八月作茧,九月孵化出。有的则需要经过一个冬天,来年才孵化出来。总而言之,我看长腹蜂的孵化期有三代:六月孵化出来的成年蜂,它们是在卵里面度过了去年寒冬的;八月出生的蜂卵,应该是会在九月就孵化出;而九月以后出生的蜂卵,就需要等到来年夏天才能孵化出了。

萤 火 虫

　　小孩子都非常喜欢萤火虫,因为萤火虫在漆黑的夜晚里能够发出幽深的光,就好像流动的星星。但是有的时候,小孩子却害怕它们的灯光。因为它们时常出没在坟墓附近,远远看去,它们的光点就像是鬼火一样恐怖。这就是萤火虫的魅力所在。

小 小 的 灯

　　萤火虫这种稀奇的小动物的尾巴像挂了一盏灯笼似的,即便是我们不曾与它相识,至少从它的名字上,我们也可以多少对它有一些了解。古希腊人曾经把它叫作"亮尾巴",这是很形象的一个名字。现代,科学家们则给它起了一个新的名字,叫作"萤火虫"。

　　萤火虫从外表上来看,跟毛毛虫之类的完全不一样,它绝对不是蠕虫系列的昆虫。你看它有六只短足,喜欢用足走路。就像一位跋涉者。雄性的萤火虫到了发育完全的时候,会生长出翅盖,像真的甲虫一样,不对,它就是甲虫类的。不过,雌性萤火虫的命运就要悲惨一些。它终身都处于幼虫的状态,也就是说处于一种没有变成成虫的形态,好像永远也长不大。无论是哪种样子的萤火虫都是有衣服的。可以说,外皮就是它的衣服,它用自己的外皮来保护自己。而且,它的外皮还具有很丰富的颜色呢!它全身是黑棕色的,只是胸部有一些微红。在它身体的每一节的边

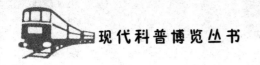

沿部位,还装饰着一些粉红色的斑点。

萤火虫最引人注意的就是它身上的那一盏灯。雌性萤火虫的那个发光的器官,生长在它身体最后三节的位置。在前两节中的每一节下面发出光来,形成了宽宽的节形。而位于第三节的发光部位比前两节要小得多,只是有两个小小的点,发出的光亮可以从背面透射出来,因而在这个小昆虫的背部和腹部都可以看得见光。从这些宽带和小点上发出的光是微微带蓝色的、很明亮的光。

而雄性的萤火虫则不一样,它与雌性萤火虫相比,只有雌性那些灯中的小灯,也就是说,只有尾部最后一节处的两个小点。雄性萤火虫几乎从生下来以后就有这两个发光的小点了。此后,随着萤火虫的成长,发光点也随着身体的生长不断地长大。这两个小点无论在身体的背部,还是腹部,都可以看见,在萤火虫的一生中都不改变。但是雌萤火虫所特有的那两条宽带子则不同,它只能在下面发光。这就是雄性和雌性的主要区别之一。

但是最让人感兴趣的还是萤火虫身上的这两个点为什么会发光呢?我用放大镜来看,在萤火虫身子后半部分的皮上,有一种白颜色的涂料,形成了很细很细的粒形物质。原来光就是发源于这个地方。在这些物质的附近更是分布着一种非常奇特的器官,它们都有枝干,上面还生长着很多细枝。这种枝干散布在发光物体上面,有时还深入其中。这些细枝连接着萤火虫的呼吸器官。

世界上有一些可燃的物质,当它和空气相混合以后,就会发生氧化作用,立即便会发出亮光,有的时候,甚至还会燃烧,产生火焰。在萤火虫的体内藏有很多这样的可燃物质,当萤火虫呼吸的时候,氧气就顺着细枝般的小管子进入到它的体内,氧化了可燃的物质,从而发出了微弱的光芒。这些物质燃烧殆尽时,就在身体表面形成了白色涂料的物质。

但是,另外有一件事情,我们是知道得比较详细的。我们清楚地知道,萤火虫完全有能力调节它随身携带的亮光。也就是说,它可以随意地将自己身上的光放亮一些,或者是调暗一些,或者是干脆熄灭它。

萤火虫不仅能够点亮身上的灯,而且还能自由地调节灯的亮度。当萤火虫身上的细管里面流入的空气量增加了,身体获得的氧气会更加多一些,这样光亮度就会变得强一些;如果阻止空气流入体内,光亮就会减弱,甚至消失。这种本领不仅仅是为了表现自己的技艺高超,更重要的是能够应付外来的危险。

萤火虫点亮自己的灯,其实也就暴露了行踪。当它发现有危险靠近自己的时候,它就可以通过减弱灯火或者熄灭灯光,让自己隐藏在漆黑的夜色中。这一点我深有体会,明明就在刚才,我清清楚楚地看见它在草丛里发光,并且飞旋着,但是,只要我的脚步稍微发出一点儿声响,或者是我不知不觉地触动了旁边的一些枝条,那个光亮立刻就会消失掉,这个昆虫自然也就不见了。

但是奇怪的是,雌性萤火虫没有调控光亮的能力,即便是受到了极大的惊吓与扰动,都不会产生多么大的影响。不信的话,你可以把一个雌性萤火虫放在一个铁丝笼子里,空气是完全可以流通的。然后你可以任意制造噪声,就算是爆炸声也行。雌性萤火虫好像聋子一样,什么都没有听见似的,光亮如故。你还可以给它泼水,结果还是一样,灯依然明亮。

不过有一种情况是例外。如果你往笼子里面灌入烟气,光亮马上就减弱了。等到烟雾全部散去以后,那光亮便又像刚才一样明亮了。假如把它们拿在手掌上,然后轻轻地一捏,只要你捏得不是特别的重,那么,它们的光亮并不会减少得很多。总之,到目前为止,我们根本就没有什么办法,能让它们完全熄灭光亮。

如果我们从它发光的地方,割下一片皮来,把它放在玻璃瓶或管子里面,虽然并没有像活着的萤火虫身体上那么明亮耀眼,但是,它也还是能够从容地发出亮光的。因为,对于发光的物质而言,是并不需要什么生命来支持的,只要有氧气就可以。于是

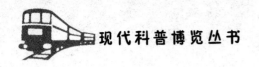

我们可以推断,即便连接呼吸器官的细胞不再输送氧气,即便是在水中,萤火虫身上的这层外皮同样都会发光。

萤火虫发出来的光是白色的,非常柔和而且幽静,没有一点儿刺激感,就像星星的光华被这只小小的昆虫给收集起来了一样。让我们怀疑天上的星星原本就是无数只萤火虫在那里睡眠。

萤火虫的一生都是"光耀门楣"的,从卵开始,到幼虫,到成虫,再到死亡,总是发着光。它们永远为自己留一盏希望的灯!

捕 食 活 动

从萤火虫的光芒来看,它似乎是一个纯洁、善良、可爱的小动物。但是,在这里,我不得不揭穿它,事实上,它却是一个凶猛无比的肉食动物。它是一个非常爱吃肉的家伙。它在捕猎的时候会不择手段,通常,它的俘虏对象主要是一些蜗牛。让我们来看看萤火虫捕食的方法是怎样的。

在它确定了捕捉的对象以后,就给猎物打一针麻醉药,使这个小猎物失去知觉,从而也就失去了防卫抵抗的能力,然后它再来慢慢享用这个战利品。在气候非常炎热的时候,你就会发现在路旁边的枯草或者是麦根上,聚集着大群蜗牛,可能是它们在被太阳烤得不行,爬出来乘凉来了。它们在那里一动不动,好像睡着了一样。它们在做着自己的美梦,但却不知道危险正在向自己靠近。萤火虫就是趁它们的麻痹大意,来突袭这些蜗牛。

除了枯草和麦根这些地方,蜗牛也常到一些又阴冷又潮湿的沟渠附近去乘凉。不信你可以去看看那些潮湿的角落,一定爬满了蜗牛。正好,萤火虫可以轻轻松松地捕获食物,尽享几顿山珍野味了。通常在这些地方,萤火虫干脆直截了当,把蜗牛就地处决,省得到手的鸭子飞了。

我曾经在自己家里面设计了一个实验,来观察萤火虫和蜗牛之间的恶战。

我拿了一个大玻璃瓶,瓶子里面塞进一些草,这样就能制造出大自然的感觉。再往里边放进几只萤火虫,还有一些蜗牛。我取的蜗牛大小适中,因为太大的蜗牛,萤火虫可能没有办法猎取。这一切准备工作就绪以后,我们所需要继续进行的工作,就是等待,而且,必须要耐心地等待。

这个时候,我们千万不要分心,时时刻刻都要看着玻璃瓶子里发生的事情,因为精彩会在任何瞬间发生。

嘘!好戏上演了。萤火虫已经开始注意到蜗牛的动静了。想必萤火虫对蜗牛有一种抑制不住的食欲吧!你看看蜗牛吧,它给自己穿上一件硬硬的马甲即它背上的壳子,只露出外套膜的边缘,它的头和脖子就是从这里伸出来的。那位猎人跃跃欲试,准备发起总攻了。它先做的事情,就是把自己身上随身携带着的兵器迅速地抽出来。

萤火虫的兵器非常小,所以一般引不起对手的注意,这才叫作暗藏杀机啊!萤火虫的身上长有两片颚,它们分别弯曲着,当合拢到一起时,就形成了一把钩子,一把尖利、细小,像一根毛发一样的钩子。如果把它放到显微镜下面观察,就可以发现,在这把钩子上有一条沟槽。如此而已,这件武器并没有什么其他更特别的地方。然而,这可是一件有用的兵器,是可以致对手于死地的夺命"宝刀"。

萤火虫拿着自己的这把锐利的兵器,在蜗牛的外膜上面东扎西刺,将蜗牛杀死。尽管它的手段是如此残忍,但是它在狩猎的时候,表面上看来却像绅士一样温文尔雅,风度翩翩。好像它并不是在攻击它的食物,倒像是两种动物在亲昵地接吻一般。

萤火虫在"亲吻"蜗牛时,有着自己的花招。你会看到它一点儿也不着急,不慌不忙,有条有理。它每吻一次,就是在给蜗牛注射一次麻醉剂。每次注射以后,总是要停下来一小会儿。仿佛是要审查一下,这一次"接吻"产生了效果没有。萤火虫吻的次数并不是很多，最多有五六次。就这么几下，就能让蜗牛动弹不得，失去了一切知觉，不省人事，任凭萤火虫摆布了。有时候，萤火虫为了保险起见，还要再吻几次。

在萤火虫对蜗牛进行攻击的时候，我发现了一个鲜为人知的秘密，就是蜗牛没有感觉到任何痛楚。我的依据是我曾经做过的一次小小的试验。

在一只萤火虫进攻一只蜗牛的时候，当萤火虫吻了四五次以后，我马上把那只受了攻击的蜗牛拿到安全的地方。然后，用一根很小很小的针去刺激这只蜗牛的肉。但是被我刺到的肉，竟然一点儿也没有收缩的迹象。这就已经很清楚地表明，此时此刻，这只蜗牛已经一点儿活气也没有了。它是不会感觉到痛苦的，它已经到极乐世界去了。

还有一次的情况有所不同，我非常偶然地看到一只蜗牛正在向前自由自在地爬行着。它慢慢地蠕动着，触角也伸得很长，十分悠闲的样子。忽然，萤火虫向它发起了进攻，几秒钟的时间内，这只蜗牛自己乱动了几下，然后游戏就结束了：它停在了原处，身体也没有了曲线，触角慢慢地耷拉下来，就像漏气的皮球一样瘪了下去。

我原以为它死了，但是我没有放弃，我在它被攻击以后的两三天内，每天坚持给它洗浴，清洁身体，特别是伤口。就在几天以后，奇迹出现了。这只从表面上看已经一命呜呼的蜗牛居然起死回生了。恢复到它又能自由地爬来爬去的状态了，那对长长的触角重新又伸展开来。而且当我用小针刺击它的肉时，它立刻就会有反应，小小的躯体马上就会缩到背壳里藏了起来，这充分说明它已经恢复知觉了。

于是我在想，这只蜗牛被萤火虫攻击的时候并没有死，而是处于麻醉状态之中，形成了一种假死的状态。但是如果能够及时抢救，驱除麻醉的毒害，它就能起死回生。

有的时候，蜗牛会爬到比较高的地方，比如草杆上。虽然高，但是却给它提供了良好的藏身之所。因为当蜗牛把自己的身体紧紧地依附在这些东西上时，这些东西就起到了盖子的作用。换句话说，蜗牛的身体颜色和这些植物的颜色很相近，于是蜗牛就可以鱼目混珠，隐藏起来了。

不过它也不能够百分之百骗过萤火虫的眼睛。有的时候，萤火虫慧眼独具，一样能够看出蜗牛的伪装。一旦被萤火虫发现，它的钩子可一点儿也不讲情面。

不过，蜗牛身居高处，对于萤火虫来说，猎取有一定的难度。当蜗牛爬在草杆上时，很容易掉下来，哪怕稍微有一点儿扭动，或者是挣扎，都可能从草杆子上面摔下来。一旦蜗牛落到草堆里面，萤火虫就吃不着了。所以，在萤火虫捕捉蜗牛时，必须讲究技巧，要使它没有丝毫的痛苦感，失去知觉，让它动弹不得，不掉下去。因此，萤火虫在进攻蜗牛时，动作都非常轻微，丝毫不会惊动蜗牛。

有的时候，萤火虫为了不让自己猎取的食物出现意外，比如掉到地上，或者起死回生之类，它往往就地把它完全吃掉。可见，萤火虫是多么的刁钻。

具体方法是这样的，萤火虫首先给蜗牛注入毒素，这些毒素让蜗牛失去知觉。无论蜗牛的身体大小如何，但是肉身常常只有身形的1/4。然后萤火虫再反复吻蜗牛，将蜗牛身体里面晃成非常稀薄的肉粥。萤火虫的各位客人们也三三两两地跑过来了。它们和主人毫无争吵，全部聚集到一起，准备和主人一起分享食物。每一位客人都把自己的一种消化素注入到蜗牛的身上，让蜗牛身上固体的肉能够变成流质。过了两三天以后，如果把蜗牛的身体翻转过来，把它的面孔朝下面放置，那样，它体内盛的东西，就会像锅里的羹一样流出来。这些肉粥是先来的萤火虫吃过以后剩下的残羹冷饭。

蜗牛被关在我的玻璃瓶里，有的时候，它所待的地方不是特别牢固，所以它是非常仔细小心的。有的时候，蜗牛爬到了瓶子

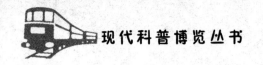

的顶部,而那顶口是用玻璃片盖住的。于是,为了能在那里停留得更加稳固、踏实一些,它就利用那自己随身携带着的黏性液体,粘在那个玻璃片上。这样一来,的确是非常稳固安全的。

在这种情况下,萤火虫想要吃到蜗牛,就必须也爬到玻璃盖上,它常常要利用一种爬行器来使自己倒立在顶盖上。光靠它自己的几只脚,萤火虫休想飞檐走壁而不掉下来。在萤火虫的身体下面,接近它尾巴的地方,有一块白点,通过放大镜可以清楚地看到。这主要是由十二个以上的短小的细管组成的,它们的样子像是指头。这些指头是不长节的,但是,它们每一个都可以向各个不同的方向随意地转动。有的时候,这些东西合拢在一起成为一团,而有的时候,它们则张开,呈蔷薇花的形状。

不过这些指头不是用来拿什么东西的,而是用来攀附的。就是这精细的结构,这些隆起来的指头,帮助了萤火虫,使得它能够牢牢地吸附在非常光滑的表面上。当萤火虫想在它所待的地方爬行时,它便让那些指头相互交错地一张一缩。这样一来,萤火虫就可以在看起来很危险的地方自由地爬行了。

它先仔细地观察一下蜗牛的动静,然后做一下判断和选择,寻找可以下嘴的地方。就那么迅速地轻轻一吻,足以使对手失去知觉。这一切都发生在一瞬间。于是,一点儿也不能拖延,萤火虫开始抓紧时间来制作它的美味佳肴——肉粥,以准备作为数日内的食品。

尽管蜗牛的肉都被吃光了,但是蜗牛壳依然是粘在玻璃片上的,并没有脱落到瓶底上来。而且,壳的位置也一点儿都没有改变,这都是黏液作用的结果。

在萤火虫完成野餐之后,这些指头又有新的作用要发挥了。萤火虫会利用这种自动的小刷子,在头上、身上到处进行扫刷和清洁工作,这样既方便,又卫生,它之所以能够如此自如地利用身体的这一器官,主要是因为那些指头有着很好的柔韧性,使用起来相当便利。在它饱餐之后,舒舒服服地休息一下,再用刷子一点一点从身体的这一端刷到另外一端,而且非常仔细、认真,几乎哪个部位都不会被遗漏掉。看来萤火虫还是非常爱干净的。

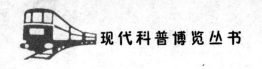

螳　螂

有没有听过一首谚语，"螳螂捕蝉，黄雀在后"？螳螂很早就被人们所认识。农夫们经常看见它半身直起，站在炽热的太阳下面，立在青青的野草上面，一脸庄严肃穆的样子。宽阔的、轻纱般的薄翼，如同一张面纱一样，拖在身后。前腿长得就像是一双手臂，指向半空，好像是在祈祷。这就是螳螂在人们心中典型的形象。

厉害的武器

螳螂的体态是天生的优美动人。它的体色是淡绿色的，有轻薄如纱的长翼。颈部是柔软的，灵活得可以向任何方向自由转动，于是四面八方的景色尽收眼底，真可谓是眼观六路。它还长着一张清秀的脸，美丽的外貌掩盖了螳螂凶猛的杀气。我可以随便举例。我们看到的那双祈祷的双臂，其实一点儿也不仁慈，它们是最可怕的利刃，无论什么东西经过它的身边，螳螂都会用这双刀将其宰杀。它凶猛如饿虎，残忍如豺狼，它是专食活的动物的。

螳螂天生就有着一副娴美而且优雅的身材。不仅如此，它还拥有另外一件独特的东西，那便是生长在它前足上的那对极具杀伤力，并且极富进攻性的冲杀、防御的武器。螳螂的大腿比腰还要长一些，大腿的下面还生长着两排十分锋利的像锯齿一样的东西。在这两排尖利的锯齿后面，还生长着三个大齿。平常不用的时候，螳螂就把两条腿分别收放在这两排锯齿的中间，这样就伤害不到自己了。

螳螂的小腿比大腿更加厉害，它的小腿简直就是长满两排刀口的锯子。生长在小腿上的锯齿要比长在大腿上的多得多。而且，小腿上的锯齿和大腿上的有一些不太相同的地方。小腿锯齿的末端还生长着尖而锐的很硬的钩子，这些小钩子就像金针一样。除此以外，锯齿上还长着一把有着双面刃的刀，就好像那种呈弯曲状的修理各种花枝用的剪刀一样。

我曾经吃过这些小钩子的苦。在捉螳螂的时候，这个小昆虫居然用它厉害的"暗器"，袭击了我，牢牢地抓住了我的手，让我自己无法逃脱。我没有办法，只有求救。这一次受伤让我知道了螳螂身上原来有这么狠毒的武器可以用来自卫。比如，它长有如针一样的硬钩，可以用它钩住你的手指；它长有锯齿般的尖刺，可以用它来扎你的手；它还有一对锋利无比，而且十分健壮的大钳子，当这双大钳子钳住你的手时，你才知道什么叫作疼痛难当。从我的经历就能看出来，这样小小的一个昆虫就有如此大的攻击力。

看样子，只要是有其他的昆虫从它们的身边经过，无论是什么样的昆虫，也无论它们是无意路过，还是有意地侵袭，螳螂一定会将它们置于死地。我们可以来进行一个室内的观察。

我捉了一只螳螂放在了用铜丝盖住的盆里面，再往盆里铺上一些沙子，然后给它充足的食物，这些食物既包括蚱蜢，也包括蜘蛛等，反正要先让这只螳螂适应里面的生活。

好了，这一次一只不知好歹的灰色的蝗虫，朝着那只螳螂迎面跳了过去。螳螂看见这只蝗虫在自己面前挑衅，它勃然大怒。那只本来什么也不怕的小蝗虫，此时此刻也充满了恐惧感。螳螂把它的翅膀极度地张开，它的翅竖了起来，直立得就像船帆一样。然后再把身体的上端弯曲起来，样子很像一根弯曲着手柄的拐杖，并且不时地上下起落着，好像跳跃前的准备动作。

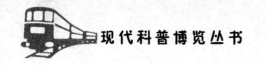

为了增加气势,它还发出警告的声音,那声音特别像毒蛇喷吐气息时发出的声响。

螳螂的眼睛也充满杀气,死死盯住敌人。不管那只蝗虫做怎样的移动,螳螂的眼睛始终跟随着它移动,绝对不让它跑掉。我想螳螂一定学过心理学,它在运用心理战术,就是运用恐怖的眼光来看着敌人,让敌人心里充满恐惧,陷入极度的紧张之中,从而心理崩溃。

看起来,螳螂的这个精心安排设计的作战计划是完全成功的。那个开始时天不怕、地不怕的小蝗虫果然中了螳螂的妙计,真的是把它当成什么凶猛的怪物了。当蝗虫看到螳螂的这副奇怪的样子,当时就吓呆了,紧紧地注视着面前的这个怪里怪气的家伙,一动也不动。这样一来,一向擅长蹦来跳去的蝗虫,竟然一下子不知所措了。已经慌了神儿的蝗虫,完全把"三十六计,走为上策"这一招儿丢到脑后去了。

不知道是被吓晕了,还是中了邪,小蝗虫不但不赶紧逃命,相反还向螳螂走过去。这一下它死定了。当那只可怜的蝗虫移动到螳螂刚好可以碰到它的地方,螳螂就毫不客气,也毫不留情地立刻动用它的武器,用它那有力的"掌"重重地击打那个可怜的蝗虫的颈部。颈部可是要害部位,经受了一顿暴打,再加上先前万分的恐惧,蝗虫几乎完全失去了反抗的能力。这时候,螳螂再用那两条锯子用力地把它压紧。就这样,结束了这只蝗虫的性命。

除蝗虫外,黄蜂也算作螳螂的佳肴之一。因此,在黄蜂巢附近,螳螂的身影屡屡出现,便不足为奇了。螳螂捕食黄蜂不仅仅能够收获黄蜂本身,而且也能顺便占有黄蜂携带的食物,可以说是一举两得。

不过黄蜂比较聪明,一旦发现了螳螂在打自己的主意,就会有所防备。但是,也有个别掉以轻心者虽已发觉但仍不当心的,被螳螂看准时机,一举将其抓获。一些刚从外面回家的黄蜂,它们心里还回味着外出的兴奋呢,对早已埋伏起来的敌人毫无戒备。突然,螳螂出现了。大敌当前,黄蜂显然被吓了一大跳,飞行速度忽然减慢下来。但是已经晚了,螳螂以迅雷不及掩耳之势用自己两排锯齿状的捕捉器——前臂和上臂的锯齿抓住了黄蜂。对于螳螂来说,真是得来全不费功夫。

不过有一次,我曾看见过这样有趣的一幕。有一只黄蜂,刚刚俘获了一只蜜蜂,并把它带回到自己的储藏室里,正在享用这只蜜蜂体内的蜜汁。不料,正在它吃得高兴的时候,遭到了一只凶悍的螳螂的突然袭击。但是,这样的进攻并没有让黄蜂停止享用那芳香诱人的蜂蜜。这真是太奇怪了,难道这只黄蜂沉浸于美味而感受不到自己正受到攻击,还是知道自己已经无处可逃而赶紧在临死前饱餐一顿?

我们说螳螂很凶残,主要表现在螳螂会自食同类——螳螂是会吃螳螂的。而且,在吃同类的时候,它面不改色心不跳,好像理所当然一样,并且周围还有很多围观的螳螂,它们只观看热闹,却一点儿都不管闲事。在螳螂的家族里面,一直有着螳螂新娘吃掉老公的做法,并且这种做法被合法化了。新娘在食用的时候,一点儿也不心疼,它会咬住丈夫的头颈,然后一口一口地吃下去。最后,剩下来的只是它丈夫的两片薄薄的翅膀而已。太恐怖了,甚于猛虎啊!

虽然螳螂的确凶猛而又可怕,但是我们也不能一棍子把别人"打死",螳螂也有值得我们学习的地方。螳螂筑巢的技术非常棒,仿佛就是一个天生的"建筑师"。

建 筑 艺 术

螳螂喜欢在阳光能够照射到的地方建巢,比如,石头堆里、木头块下、树枝上、枯草丛里、砖头底下、一条破布下,或者是旧皮鞋的破皮子上面等。只要那个物体上有凹凸不平的表面,螳螂就会

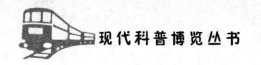

觉得这个地方可以为筑巢提供坚实牢固的地基,于是便利用这样的地基建巢。

螳螂的巢不算大,大小约有三五厘米长,不足三厘米宽。巢的颜色是金黄色的,样子很像一粒麦子,当然比麦子要大得多。最开始的时候,这种巢是由含有泡沫的物质筑成的。但是,筑成以后不久,这种多泡沫的物质就逐渐变硬,形成了固体的状态。这种固体可以燃烧,会产生出一种像燃烧丝质品一样的气味。

螳螂巢的形状随着安置地方的不同而不同。但是,不管巢的形状多么千变万化,它的表面总是凸起的。这一点是不变的。

整个螳螂巢,大概可以分成三个部分。其中的一部分是由一种小片做成的,并且排列成两行,前后相互覆盖着,就好像屋顶上的瓦片一样。这种小片的边沿,有两行缺口,是用来作门道的,也就是说有左、右两道门道。在小螳螂孵化出以后,一半小螳螂从左边的门道出来,另一半从右边的门道出来。至于其他部分的墙壁,太厚了,小螳螂根本没有办法穿过。

螳螂的卵很多,所以在巢里面就堆成了好几层,但不管哪一层,卵的头都是向着门口的。

当母螳螂准备产卵时,身体里会排出一种非常有黏性的物质。这种物质排出后,在空气的作用下,膨胀成为泡沫。然后,母螳螂会用身体末端的小勺搅拌起泡沫来。这种动作,特别像我们用叉子搅拌鸡蛋蛋白。打起来的泡沫是灰白色的,与肥皂泡沫十分相似。开始的时候,泡沫是有黏性的。但是过了几分钟以后,黏性的泡沫就变成了固体。这种泡沫变成的固体为螳螂妈妈孕育后代提供了场所,螳螂卵就在这里面成长。

在巢穴的外面,螳螂妈妈还抹上了一层涂料,把这个巢穴封了起来,免得遭到入侵。这层材料是一层多孔的、纯洁无光的粉白色状的物质,就好像面包师们把蛋白、糖和面粉搅和在一起,用来作饼干外衣的混合物一样。不过这种外壳完全是用来作障眼法的,实际上它非常脆弱,也很容易脱落下来,禁不住风吹雨打。

这种外壳比室内存放卵的泡沫固体更加洁白，但实际上是同一种物质。当作巢穴的涂料的时候，螳螂将自己排泄的泡沫表面上的浮皮打掉，因为光的反射力比较强，所以外壳会显得比较白一些。

除制造前面两种物质外，螳螂还能在巢内铺设出一条供通行用的小道。它在做这些工作的时候似乎不费吹灰之力。

当螳螂把巢建筑好，生完宝宝以后，就溜之大吉了。我总是盼望着它有朝一日能够回来看一下，毕竟血浓于水，自己的孩子在这里。但是，我从来没有看见它回来过。看来螳螂都是些没有心肝的家伙，抛家弃子，只顾自己享乐去了。

生 命 的 诞 生

六月，是螳螂卵孵化的时节，因为这个时候阳光明媚，气候温暖，适合小螳螂的生长。到了这个时候，在螳螂巢的固体泡沫里面的卵里就可以看见稍微有一点儿透明的小块。在这个小块的后面，紧接着的就是两个大大的黑点。那不是别的什么东西，正是那个可爱的小动物的一对小眼睛。它身体的颜色主要是黄色，还带有一些红色。它长了一个十分肥胖而且很大的脑袋。幼虫的小嘴是贴在它的胸部的，腿是和它的腹部紧紧相贴的。

螳螂孵化的时候就像集体行动一样整齐，好像存在什么统一行动的信号一样，每当该信号传达出来的时候，速度非常之快，几乎所有的卵差不多在同一时刻孵化出来，一起打破它们的外衣，从硬壳中抽出身体来。小螳螂孵化出来的时候，身上穿着一层结实的外套，因为它们需要从巢穴里面那条又小又弯的通道里爬出来，如果把自己的小腿伸展开来，举起尚且还缺少力量的"大刀"，立起灵敏的触须，那么小螳螂肯定会被卡在通道里面，所以干脆把自己包裹起来，让体积变得小一些。

新生的螳螂变化最快的部位就是它的头了。头一直在膨胀，直到形状像一颗水泡一样。它一刻也不停地一伸一缩地努力地解放着自己的躯体。就这样，每做一次动作的时候，新生螳螂的脑袋就要稍稍变大一些。最终的结果是，螳螂胸部的外皮终于破裂了。加油啊，加油啊！只见它用尽浑身解数，不停歇地弯曲扭动着它那副小小的躯干。看来，它是义无反顾地下定决心要挣脱掉这件外衣的束缚了。你看它的腿露出来了，接着是触须，然后是其他部分。终于，它从外套里面爬了出来。

这些小家伙沉浸在初生的兴奋之中，完全没有想到，它们未来会凶多吉少。因为它们还身形弱小，人见人欺啊！对于螳螂幼虫而言，它们最具杀伤力的天敌，要算是蚂蚁了。几乎每一天，我都会有意无意地看到，一只只蚂蚁不厌其烦地光临螳螂巢穴的旁边，非常耐心，而且信心十足地等待小螳螂从巢里面出来，然后捕获它们。

蚂蚁一般不会走到螳螂巢穴的内部去。这主要是因为螳螂巢穴的四周有一层硬硬的厚壁，这便形成了十分坚固的壁垒，蚂蚁对此束手无策，于是就守株待兔吧。

只要哪一只不经事的小螳螂一不小心跨出自家大门一步，马上就会被五马分尸，命丧黄泉。但是，小螳螂必须要走出家门的，这样就免不了有一场腥风血雨的战斗。当小螳螂遭遇到了蚂蚁的时候，它们会用尽全身力气进行反抗，挣扎着、扭动着身体，决不放弃求生的欲望。但是，这种挣扎与那些凶恶之众相比，显得多么可怜啊！用不了多长时间，也就是一小会儿的工夫，这场充满血腥的大屠杀便宣告终结了。残杀过后，剩余下来的，只不过是碰巧有幸能够逃脱敌人恶爪的少数几个幸存者而已，也许这就叫作优胜劣汰吧。

但是风水轮流转，螳螂被欺负的日子总算过去了。用不了多长时间，它们便会变得非常强壮。这样一来，渐渐地，螳螂自己就具备了能够自我保护的能力了，再也不是那些任人宰割的可怜虫了！

强壮的螳螂大摇大摆地向蚂蚁群走过去,它所经过的地方,原来任意行凶的敌人们都纷纷倒下了。这样,螳螂为自己死去的兄弟姐妹们报了仇。

但是事实上,小螳螂的天敌不只是这些小个子的蚂蚁,还有许多其他的天敌。这些天敌可不是那么容易就能吓倒的,比如说蜥蜴。对于小螳螂的自卫和恐吓的姿势,它是全然不在意的。蜥蜴进攻螳螂的方法主要是用它的舌尖,一个一个地舔起那些刚刚幸运地逃出蚂蚁之口的小昆虫。

虽然一个小螳螂还不能填满蜥蜴的嘴,但是,从它的面目表情便可以很清楚地看出来,那味道却是非常的好。看来,它相当满意。每吃掉一个,蜥蜴的眼皮总是要微微一闭,这的确是一种极端满足的表现。然而,对于那些年轻的、不走运的螳螂而言,它们真可谓"才出龙潭,又入虎穴"啊!

危险无时不有,甚至就是在卵还没有发育成熟以前,它们就已经处于万分危险之中了。有这样一只小个儿的野蜂,它随身携带着一种刺针,其尖利的程度,足可以刺透螳螂那由泡沫硬化以后而形成的巢穴,然后将自己的卵产在螳螂的巢穴里面。野蜂卵的孵化也要比螳螂卵提前一步。当这些野蜂卵孵化出幼蜂以后,螳螂卵就成为了它们的食物。

螳螂的敌人其实还有一个,这个敌人是地球上最有威力,也是最可怕的,这个敌人就是人类。人类会把螳螂当作营养丰富的佳肴进行享用。据说食用螳螂肉可以增强人类的脑力。螳螂身体内的精华贮蓄在人类的身体里面,并且一点一点地传送到我们身体的各个部位,流进我们的血液里。它们滋养着我们身上的不足之处。

人类还利用螳螂的巢穴来治病。在有的地方,螳螂的巢被人们视为医治冻疮的一种灵丹妙药。做法是先拿一个螳螂的巢,然后把它劈开成两半,挤出里面的浆汁来,涂抹在疼痛的部位。有的人还认为螳螂巢医治牙痛和脸肿也非常有效,保证药到病除。

当然,螳螂的巢穴并非如此神奇,这只不过是人们的心理作用罢了。

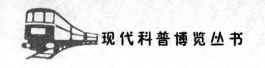

蝉

前面我们一块儿了解了螳螂的知识,现在我们就来看看被螳螂当作美味佳肴的蝉的故事。

美　德

蝉总被别人笑话。有一个童话故事这么写道:整个夏天,蝉不做一点儿事情,只是终日唱歌,而蚂蚁则忙于储藏食物。到了冬天,蝉没有了吃的,于是就向蚂蚁乞讨。蚂蚁问蝉:"为什么你不劳动,准备过冬的食物呢?"蝉回答道:"因为我太忙于唱歌了。"蚂蚁很不高兴,理都不理蝉。

蚂蚁和蝉之间的故事不仅在书上有,而且在大自然的真实生活中也处处可见。只不过蝉是不会向蚂蚁去求食的,相反的倒是蚂蚁为饥饿所驱,厚着脸皮去抢劫蝉的食物。

七月的夏天,阳光高照。各种昆虫口渴难当,四处跑来跑去寻找水源解渴。这事可难不住蝉老兄,你看越是艳阳高照,它越是唱得高亢。它丝毫不渴,没有半点儿痛苦。它站在树干上面,随时可以用它突出的嘴——一个藏在胸部的,尖利而又精巧的吸管刺穿大树的表层,于是就有了饮之不竭的甘露。喝饱了甘露,来了力气,它就坐在树的枝头,不停地唱歌。

可是每当蝉开始喝甘露时,就会受到骚扰。蝉喝树汁难免漏嘴,一些汁液就顺着蝉开凿的泉水口流出来。这时候,饥渴难当的昆虫马上发现了这个资源，于是跑过去哄抢。这些昆虫大都是黄蜂、苍蝇、蛆蛴、玫瑰虫等，而最多的就是蚂蚁。

它们这是去偷窃他人的劳动成果，所以必须小心翼翼、蹑手蹑脚地从蝉的身边低身爬过。蝉比较大方，抬起身子，让它们过去。大的昆虫，抢到一口，就赶紧跑开，走到邻近的枝头，当它再转回头来时，胆子就比从前大了，它忽然就成了强盗，想把蝉从凿井边赶走。

最无耻的就算是蚂蚁了。它们享用了蝉的劳动成果，不但不感谢，反过来欺负蝉。我曾见过它们咬紧蝉的腿尖，拖住它的翅膀，爬上它的后背，甚至有一次，一个凶悍的暴徒，竟然反客为主，抓住蝉的吸管，想把它拉走，真是可恶！

蝉的好心好意却换来了以怨报德，无可奈何，这位歌唱家不得已抛开自己所凿的井，悄然离去了。于是蚂蚁的目的达到了，占有了这个井。不过这个井也干得很快，浆汁立刻被吃光了。于是蚂蚁就计划着下一步如何去掠夺别人的劳动成果。

由此可见，蝉是勤劳的，自力更生；而蚂蚁才是懒惰的，不劳而获。

繁 殖 问 题

蝉产卵也很有意思。蝉觉得干枯的树枝是存放卵的最好地方了。一般它们选择的枝干都很细小。大都选在似铅笔粗细的枯枝上。

蝉首先会寻找一条在它看来比较称心如意的细树枝，然后用胸部尖利的工具，在树枝上刺出一排小孔。这样做的目的是要把树枝的纤维撕裂，并且把纤维挑起来。一般来说，它会在一根枯枝上刺出三十个至四十个孔。

这些孔就成为蝉卵的存放地。仔细看看这些小孔，我们会发

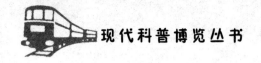

现其实它们是一种狭窄的小小的通道,一个个地斜下去。每个小通道内,贮藏着约有十个卵,总数约有三百个或四百个。

哇!这么多的卵,那蝉岂不是要泛滥成灾了?其实不然,产这么多卵只是蝉妈妈的一种延续后代的策略。因为蝉从卵到孵化,到成虫,这个过程中会遇到非常多的困难乃至危险,会死掉很多。所以,必须要生出足够多的卵,才可能保证有一部分的小蝉能够活下来,最终长成大蝉。究竟是一种什么危险呢?

这种危险来自于一种极小的昆虫——蚋。拿它们的个头与蝉相比较,蝉简直是庞然大物呢!奇怪了,为什么蝉会怕这些小不点儿呢?

蚋和蝉一样,也有穿刺工具,位于身体下面靠近中部的地方,伸出来时和身体成直角。蚋知道自己不是成年蝉的对手,于是便打蝉卵的主意。当蝉妈妈刚装满一个小穴的卵,移到稍高处,另外做穴时,蚋立刻就会到那里去,虽然蝉的爪可以够得着它,然而它却镇静而无恐,像在自己家里一样,它们在蝉卵上面加刺一个孔,将自己的卵产进去。当蝉飞回去时,它压根儿都不知道,它那用来传宗接代的卵里多数已加进了别人的卵。这些入侵者能把蝉的卵毁坏掉,即以蝉卵为食,然后自己摇身一变,代替了蝉的家族。

这可怜的蝉妈妈养育儿女费尽心机,却不知道生下的孩子不是自己的。它的大而锐利的眼睛,并非看不见这些可怕的恶人,而是不知道这些坏家伙干了一些什么事情。

从放大镜里,我曾见过蝉卵的孵化过程。这些卵开始很像极小的鱼,眼睛大而黑,身体下面有一种鳍状物,由两个前腿连在一起组成。这种鳍有一些运动力,可以帮助幼虫冲出壳外,并且支撑它摆脱有纤维的树枝的羁绊。

刚从卵里面孵化出来的幼虫弱不禁风,一丁点儿的风就能把它吹到坚硬的岩石上,或车辙的污水中,或不毛的黄沙上,或黏土上,所以它们必须钻到地底下寻觅藏身之处。

它们会四处寻找适当的地点,用前爪的钩挖掘地面。从放大镜中,我看见它们挥动斧头向下挖掘,并将石头抛出地面。几分钟后,土穴完成,这个小生物钻下去,埋藏了自己,此后就再也看不见它们了。

小蝉的地下生活,至今还是未被发现的秘密,我们所知道的,只是在它爬到地面上来以前,地下生活大概有四年而已。

蝉的幼虫会在地面上找一个方便的地方来蜕皮,比如说一棵小矮树、一丛百里香、一片野草叶,或者一根灌木枝等。找到后,它就爬上去,用前足的爪紧紧地握住,丝毫不动。

它开始用力,外层的皮开始由背上裂开,露出淡绿色的身体。当时头先出来,接着是吸管和前腿,最后是后腿与翅膀。此时,除掉身体的最后尖端,身体已完全蜕出了。禅蜕皮的过程当作是一种技艺的表演。你看,在把皮蜕去以后它会表演一种奇怪的体操,身体悬在空中,靠着身体固着在旧皮上的那一点的拉力,翻转身体,使头向下,花纹满布的翼向外伸直,竭力张开。然后又一用力,再翻回去,并且用前爪钩住它的空皮。通过这种表演,它可以把身体与旧皮最后的连接摆脱,获得最后的自由。

当然,刚刚从躯壳里面挣扎出来的小蝉还没有足够大的力气,身体看上去还是柔软的,小蝉需要到日光和空气中好好地沐浴,获取能量。直到皮肤上的棕色出现,才同平常的蝉一样。它只用前爪时不时地挂在已蜕下的壳上,那壳有时挂在枝上有一两个月之久。

在我家门外的大树上,我发现了蝉的踪迹。时间大概是在夏至。一个偶然的机会,我发现马路地面上有好些圆孔,粗细如人的手指。在这些圆孔中,蝉的幼虫正从里面爬出来。蝉的幼虫喜欢在特别干燥而且阳光充沛的地方居住。马路的地面下正好符合这个条件。

于是我决定把它们深藏在地面下面的家挖开来看个究竟。我准备了一把手斧来挖掘。我找到了一个圆孔,这个圆孔口径三

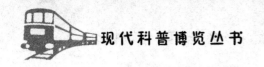

厘米,四周一点儿尘埃都没有,也没有泥土堆积在外面。大多数的掘地昆虫,例如金蜣,在它的窝巢外面总有一座土堆,蝉则不同,比较爱干净,它是从地底往上挖的洞,所以当洞开到地面的时候,并没有在洞口形成一堆泥土,泥土全在地下面呢!

挖开蝉的隧道,我发现大都深达五六厘米,一通到底,下面的部分较宽,但是在底端却完全关闭起来。咦?挖洞时候形成的泥土搬移到哪去了呢?为什么墙壁不会塌下来呢?

原来,蝉非常聪明,就像矿工一样。矿工知道用柱子撑起矿洞,以免坍塌。蝉效仿他们,在隧道的墙上涂上"水泥"。这种"水泥"是蝉用身体分泌的一种黏液搅拌泥土形成的。由于地穴常常建筑在含有汁液的植物根须上,它可以从这些根须中取得汁液。

在挖通向地面的通道的时候,蝉的幼虫必须知道如何使这个通道利于上下爬行。否则,就会给出洞和进洞造成不少的麻烦。为了达到好的效果,它在修建的时候非常仔细,大约要花去几个星期,甚至几个月,才能筑成一道坚固的墙壁,又适宜于它上下爬行的通道。在通道的顶端,留着手指厚的一层土,用以保护并抵御外面空气的变化。要想知道天气的好坏,它就爬上来,利用顶上的薄盖,以便测知气候的状况。

如果它感觉到外面是暴风骤雨的话,就会选择待在洞里面,因为出去会很危险。但是如果它感觉到外面风和日丽,它就用头顶开洞口的一层土,爬出去晒太阳。

叫　唱

成年的蝉是出色的歌手。禅翼后的空腔里带有一种像钹一样的乐器。但它还不满足,还要在胸部安置一种响板,以增加声音的强度。蝉,为了追求音乐的乐趣,造成了很多生理上的不便。比如胸部的响板吧,它占据了相当大的体积,让蝉的生命器官都无处安置，只得把这些器官压缩到身体最狭小的角落里。这可委屈它了，但是它却愿意做这样的牺牲。

我家门外的树上有蝉，与我共同生活十多年了。每到夏天，它的歌声就会陪伴我度过两个月之长炎热的仲夏。我注意观察它们，它们站在柔软的枝条上，排成一列，歌手和它的伴侣并肩而坐。它就在那里唱啊，唱啊。渴了就把吸管插到树皮里，动也不动地狂饮。太阳光弱下去了，它们也趁机休息一下，一块儿沿着树枝用又慢又稳的脚步，寻找温暖的地方，一天到晚过着非常悠闲的生活。

蝉除有着洪亮的嗓子外，还有一副高瞻远瞩的眼睛。它的视力非常好，它的五只眼睛，会告诉它左右以及上方有什么事情发生，只要看到有谁跑来，它会立刻停止歌唱，悄然飞去。但是如果你不靠近它，而仅仅是冲它说话、吹哨子、拍手、撞石子，却不足以惊扰它。

我想可能它不怕声音是因为它从小到大都在歌声中长大。于是有一回，我借来两支乡下人办喜事用的土铳（一种发射火药或者炮弹的管子，比较粗大），里面装满火药。我想用这个东西来制造出尽量大的爆破声。我将它放在正在唱歌的蝉的树下面，点燃了火药，急切地在树下面等着，看看这一声炮响能给上面正在专心唱歌的乐队造成什么影响。土铳发射出了第一枪，真是震耳欲聋。

可是它们一点儿没有受到影响，仍然继续唱歌，既没有表现出一点儿惊慌之状，声音的质量也没有一点儿轻微地改变。我再用土铳发射了第二枪，爆炸声依然震耳欲聋，可是它们还是没有受到任何影响。

我们明白了，原来蝉的听力有问题，禅可能是聋子。唉！真可悲，它们不停地唱歌，但是自己却对声音置若罔闻，即使再美妙的音乐恐怕它们都没有耳福享受到了。

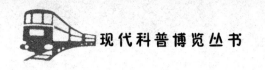
蝈 蝈

黑夜中

现在正值七月中旬,三伏天刚刚开始。天气已经热得受不了了。村里的晚上,孩子们点燃了篝火,并且围绕着篝火欢快地跳着舞。火光映射到了教堂的钟楼上,烟花刷刷地冲向夜空。我独自一人,趁着晚上天气变得凉快一些,走到了一边的田野里面。

夜已经很深了,没有阳光,蝉是不会叫的,它肯定已经很累了,现在正在自己的巢里酣然大睡着呢。但是,在蝉居住的地方却突然发出哀鸣似的短促而尖锐的叫声。发生了什么事情?

原来趁着夜黑,趁着蝉正在熟睡,蝈蝈开始了自己的突袭计划。它向毫无准备的蝉突然扑过去,然后拦腰抓住,开膛破肚,吃掉心肺。这真是黑夜里面的谋杀,一切都被黑色所掩盖,谁也不知道发生了一桩命案。

耳朵灵敏的人能够听到草丛里面,蝈蝈在窃窃私语。声音很微弱,像是滑轮的声音,又像是干瘪的薄膜被揉搓时发出的声响。在这轻微而又干涩的声音中,偶尔发出一声非常急促、有点像金属碰撞般的声响,这便是蝈蝈的歌声。

蝈蝈喜欢合唱,我们站在草地里面,通常会有十来只蝈蝈在对着我们唱歌,但是我们的耳膜似乎能力有限,并不能捕捉到每一只蝈蝈的歌声。如果我们能够让四周青蛙的歌唱声、其他所有昆虫的叫喊声都停止的话，或许我们还能听到蝈蝈的一丝声音，飘荡在这个漆黑的夜晚。

只可惜夜晚不会像我想象中的那么安静。我在这里听到了各种各样的声响，就像一场交响音乐会。有绿色蚱蜢的叫声，它的声音够大，几乎能够与蝉分庭抗礼。还有蟾蜍，它也在梧桐树下发出呱呱的声音，非常轻脆悦耳。还有一只鸟，从广场上的梧桐树上被吓跑，飞到这片草地来，然后落到一棵柏树上，开始唱歌。从远方还传来一阵阵"去欧-去欧"的声音，这是带角猫头鹰正在发出求偶的声响。这一切声响简直就把那本已很微弱的蝈蝈的声音给掩盖下去了。我只有在某些比较安静的地方才能听到蝈蝈的声音。

为什么蝈蝈的声音这么小呢？难道它不会把音量放大一点儿？如果你能有幸抓住一只蝈蝈来看的话，你就会明白了。

它的乐器只是一个小小的带刮板的扬琴，除此之外还有一个风箱，那便是它的肺部，可以震动气流产生声音。看来蝈蝈的乐器的确很纤细，所以发出的声音也不大。这让我想到了另外一种昆虫，虽然它的身形也像蝈蝈一样小，但是在夜晚唱歌抒情方面却远远胜过蝈蝈，它就是意大利蟋蟀。

这种昆虫虽然身材弱小，弱小到人们都不敢用手去触摸它，生怕用力一大，就把它给压碎了。但是它却装备着羊皮鼓，还有着一双细薄的大翅膀，像云母一样闪烁着光芒。靠着干瘪的翅膀，它发出的声音可以压住蟾蜍单调而忧郁的歌曲声。意大利蟋蟀比普通蟋蟀的歌声更加洪亮，也更有颤音感。

如果夜晚的演奏会仅限于精英们，那么主角一定是那些声音清亮而大声的歌手了：带角猫头鹰独唱忧伤的爱情曲，蟾蜍是演奏曲的敲钟人，意大利蟋蟀是拉小提琴的乐手，而我们现在正在

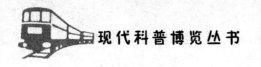

讨论着的蝈蝈，则充其量不过是一个敲打三角铁的小小配角。

饮 食 习 惯

六月刚到，我便抓来了很多蝈蝈，有雄性的，也有雌性的，我把它们养在了自己做的金属网罩里面，然后为了模仿大自然，我还在网罩的底层铺上了一层细沙。蝈蝈在我的呵护下，长得非常漂亮。它们浑身是嫩绿色的，侧面有两条淡白色的丝带，身材优美而苗条，两片大翼如同轻盈的薄纱。

我给它们准备了丰盛的食物，以免它们在我这里饿坏了肚子。我是按照这种昆虫在草地上饮食的一般规律来喂食的。最开始我给他们吃莴苣叶，它们当然吃，不过吃得不多。我明白，它们除吃素菜外，还要吃一些荤菜打牙祭。我必须去找一些鲜肉来给它们。究竟是什么肉呢？我琢磨着。

一次偶然的机会，我受到了启发。一天早上，我在门前散步的时候，忽然看见梧桐树上落下来一个什么东西，还发出刺耳的吱吱声。好奇心来了，我赶紧跑上去看个究竟。原来是一只蝈蝈正在捕食一只蝉。蝉在拼命地呼喊救命，并且奋力地挣扎。蝈蝈咬住蝉不放，将头伸进了蝉的肚子里面，一口一口地吃着蝉的肠子。我想这次是蝈蝈和蝉发生了搏斗，一不小心，一块儿从树上掉了下来。

蝈蝈捕蝉，总是显得非常地英勇，因为蝈蝈体形没有蝉大，但是它在进攻这个庞然大物时，一点儿都不害怕。只见蝈蝈纵身扑向蝉，而蝉却如惊弓之鸟一般到处飞窜。看上去有些不合逻辑，实际上秘密在于蝈蝈有有力的大颚、锐利的钳子，但是蝉什么都没有，只得逃窜和哀叫。捕蝉的关键是要把蝉牢牢抓住，不让它跑。对于蝈蝈来讲，这很容易，因为夜间的蝉正在做着美梦，没有一点儿防备。当夜深人静的时候，突然听见某棵树上发出一阵悲鸣声音的时候，我们就应该明白，很可能是一只蝉被蝈蝈捉住了。

回到我们的话题，这次偶然的发现让我知道了原来蝈蝈喜欢吃蝉。好吧，我就为蝈蝈准备好了蝉。看来我的猜想没有错，蝈蝈们吃得津津有味。我在网罩里面看到到处是蝈蝈们吃剩的蝉的残肢断腿，躯体部分肯定是被吃光了，因为那里的味道非常好，除了有肉，还有蝉从树枝里面吮吸的琼浆玉液保存在肚子里面。

当然，我非常注意它们饮食的搭配，我还给蝈蝈们吃很甜的水果，像梨子、葡萄、西瓜这些，它们也挺爱吃的。另外，它们也对用酱做的带血的牛排非常感兴趣，爱吃极了。

除了这些，蝈蝈们还会吃一些什么呢？如果蝈蝈找不到我给它们吃的这些大餐，像蝉、水果之类的，它们又吃什么呢？

我就凭着感觉给它们喂一些其他的食物，看看它们的反应如何。我给它们喂了蚁小蜂，它们没有拒绝，吃得只剩下翅膀、头和爪子这些不好吃的地方。我又给它们喂了漂亮而肥大的松树腮角金龟子，它们也是狼吞虎咽。于是我就得出了结论：蝈蝈非常爱吃昆虫，特别是那些没有坚硬的盔甲保护的昆虫。它们不仅仅吃肉，而且也吃水果，如果实在没有什么好吃的东西的时候，凑合着吃一点儿野草也不是不可以的。

不过蝈蝈的世界里面也存在着像螳螂一样自相残杀的现象。在蝈蝈都还活着的时候，这种事情是不会发生的。但是，一旦某只蝈蝈死了，它的尸体可就不走运了。因为活着的蝈蝈要把死去的蝈蝈给吃掉。它们并不是因为缺少食物才会发生这种事情，而近乎是一种本能的表现。不过我觉得有点恶心，因为死者本该安息，可是活着的蝈蝈却偏偏不守伦理，对别人的尸体进行侵犯。

幸好，我网罩里面的蝈蝈都是活着的，从来没有出现过这样的事情，不会让我感到恶心。它们相处得还不错，很少出现争吵，大不了就是在争抢食物的时候表现出一点儿敌意。我扔进去一片梨，一只蝈蝈马上爬在上面，想独自占有。这个时候，其他的蝈蝈也来哄抢食物了，出于自私，不论谁来这里和它抢，它都要一脚

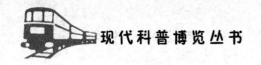

把别人踢开。一直要等到自己吃饱了肚子,才会变得大方起来,把食物让给别人。不过得到食物的那一只蝈蝈马上也效仿前面的那蝈蝈,变得自私起来。就这样,一个接着一个,一直到所有的蝈蝈都能够品尝一口美食。

酒足饭饱以后,它们就用自己的嘴来挠脚底板的痒痒,用沾着口水的爪子来擦擦自己的脸和眼睛。然后就抓住网纱或者躺在沙地上,开始休息了。傍晚的时候,力气又来了,它们全体开始兴奋起来。晚上九点左右是最热闹的时候,它们上上下下在网罩里面跳个不停,整个网罩里面闹成一团。

爱 情

大概在七月到八月期间,蝈蝈交尾的时候到了。雄蝈蝈开始发情,一边叫着,一边用触须挑逗着从身边经过的雌蝈蝈。而这些雌蝈蝈则大摇大摆,神态端庄地溜达着。

雄蝈蝈靠在一边,不停地拨动自己的琴弓,激情地唱着歌曲,非常投入,整个身体都在颤抖。这时候,一只雌蝈蝈动了心,被雄蝈蝈吸引来了。两只蝈蝈开始彼此靠近。它们面对面,一言不发,一动不动,好像有点不好意思。就这样,两只蝈蝈沉默了大约好几个小时,不知道它们心里在想些什么,是不是在沉默中已经立下了山盟海誓?谁都不知道。

第二天,事情没有我想象中的那么好,它们分手了,彼此离开了。不过过了几天,它们又回来了,可能是彼此舍不下那份情感。第三天,交尾终于开始了。按照习俗,雄蝈蝈小心翼翼地倒退着钻到雌蝈蝈的身体下面,在后面伸直身子仰卧着,紧紧地抱住产卵管。雄蝈蝈排出了一个巨大的精子袋,像装着花粉似的。雌蝈蝈的产卵管底部的左右两边有两个节,半透明的样子,里面包着一个鲜艳的橘红色的核。这个器官由一根宽宽的透明的茎固定着。

雄蝈蝈将卵袋放到地上，然后就跑了，因为它累了，需要补充能量，于是跑到一个梨子那里开始进餐。剩下的工作就需要雌蝈蝈来做了。只见雌蝈蝈一个人把和它身体一般大小的卵袋提起来，蹒跚地在沙地上走着。几个小时过去了，雌蝈蝈把自己的身体蜷起来，开始用大颚尖把卵袋咬一块下来。放心，不会咬破的，它小心翼翼地扯下卵带的皮，咬成许多的小块，然后慢慢地吞下去。雌蝈蝈花了好长的时间来做这件事情。整个晚上，雌蝈蝈会非常地忧郁，因为它面对着如此巨大的一堆东西要吃掉。第二天，事情似乎没有什么进展，只是卵袋稍稍瘪了一些。三天过去了，你才会发现这个卵袋消失了。对了，已经全部吃到了雌蝈蝈的肚子里面了。

吃掉卵袋其实也并不是一件容易的事情，雌蝈蝈一边拖着卵袋走，一边小心地吞咽着。有的时候卵袋会粘上沙砾或土块，有的时候卵袋甚至就粘在地面上了，这让雌蝈蝈拖动起来非常地费力。

从这些例子中，我们知道了蝈蝈家族一个古怪的习俗，就是在交尾以后，雌蝈蝈要将自己身上的卵袋给吃掉。

这种怪诞的行为发生不久以后，雌蝈蝈就开始产卵了。随着体内卵的成熟，雌蝈蝈开始一部分一部分地排卵。雌蝈蝈用六条腿牢牢支住身子，把肚子弯成半圆形，然后把肚子上长得像一把刀似的东西直直地插入土地中。由于网罩里面的土地是用沙铺成的，所以雌蝈蝈很容易就把产卵管给插了进去。然后腹部开始猛烈地摇动，使得尖刀也不停地在土里面摇动，这样就可以把排卵孔给挤大一点儿。但是这样会把洞壁的土给刮下来。没关系，雌蝈蝈有办法，它把自己的肚子微微抬起来，又用力钻下，反反复复，于是就把松动的土都给夯实了。

洞钻好了，雌蝈蝈就把产卵管放进去，开始产卵了。当雌蝈蝈产完卵以后，它就需要把这个洞口给盖住。它又摆动自己的肚子上的尖刀,把洞口给堵上了。为了消除沙土上的印迹,它还会用自己的尖刀扫去洞口附近劳动过的痕迹。

一切都井井有条。这一窝卵全部产好以后,雌蝈蝈会稍微休息一会儿,然后再次寻找地方产下一窝卵。接着再寻找一个地方,再产一窝卵。在几乎不到一个小时的时间内,它就能产上五窝卵。不过这五窝卵的洞离得都不是很远。

等雌蝈蝈离去以后,我就来搞破坏。我挖开蝈蝈的卵藏室,看看里面的情况。我看见蝈蝈卵躺在洞里面,没有像蝗虫那样被泡沫的固体包裹着。通常一只蝈蝈能产六十来个卵。这些卵的颜色都是浅灰色的,呈梭形或椭圆形,长五六毫米。

六月来了,阳光明媚,小蝈蝈们从卵里面孵化了出来。它们同其他出生在土地下面的昆虫一样,必须自己冲破土层,爬出来。刚孵化出来的时候,小蝈蝈是装在一层外套中,六条小腿也紧紧地贴在肚子上,往后伸着。为了在土里面往上钻的时候减少摩擦,它的腿按身体轴线的方向裹在一起。触须也贴在包裹上,以免碍事。它的头弯到了胸口,脖子一胀一缩的,不停地给身体施加前进的推动力。当脖子收缩的时候,身体就往前面一蹿,顶出一个小洞。当脖子鼓起来的时候,它的身体就往前蜷缩,这样就前进了一步。

不过它前进得挺慢的,每一步只有一毫米。它得花上整整一个半天的时间,才能完全打通一条通往地面的通道。在离洞口只有最后一步的时候,它会先休息一会儿,养精蓄锐,憋上一口气,做最后的冲刺。只见它身体膨胀,用力地挣破身上一直保护它钻洞的外套,然后脱掉它,用力一顶,钻出了地面。费尽心机的小蝈蝈有生以来第一次看见了太阳,这是多么幸福的事啊!

钻出土以后,小蝈蝈的颜色就开始发生变化。第二天它就变成黑色的了,只有后腿下面还留有一丝白斑。

蝈蝈真是可爱的昆虫，当它长大以后，很受小朋友的喜欢。他们常常把蝈蝈装在小竹笼子里面，自己养。看来这个小小的生命确实能给我们带来很多的愉悦啊！

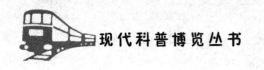

肉 蓝 蝇

我想大家一定见过肉蓝蝇了,它是一种深蓝色的大苍蝇。就是那种在一大堆腐烂的垃圾物里面,在空中飞来飞去觅食的那一种蝇。它一向没有好名声。它飞到没有密封的碗柜里面偷吃我们的食物,或者在食物里面产下蛆虫;它停在玻璃上面嗡嗡地叫个不停,让人心烦意乱。这就是我们对肉蓝蝇的印象。

肉蓝蝇有什么样的伎俩,我们怎样才能防范它们? 我打算做一个小小的研究。

产 卵

在田间,它们出现得就比较晚了,到了早春二月,我才能看见那些肉蓝蝇贴着朝阳的墙壁取暖。四月,我看见许多的肉蓝蝇在月桂树上,它们在那里交尾。秋天和冬天快来临的日子,很多的肉蓝蝇飞到了我的家里,在我的家里避寒。于是我在想,既然我和肉蓝蝇这么接近,为什么不好好利用这个机会来开展我的研究呢?

这时我就让我的家人和我一块儿抓肉蓝蝇,抓住以后就放在一个我自己做的大金属网罩里面。这个网罩盖在装满沙土的罐子上。然后我在网罩里面放上一碗蜜,算作供养肉蓝蝇的食物。我还把从园子里面抓回来的小鸟作为它产卵的地方。

我把一只死鸟放到了网罩里面。网罩里面现在有一只肉蓝蝇,它挺着一个大肚子,看样子是要产卵了。果然,一个小时以后,肉蓝蝇慢慢地来到了那只小鸟的尸体旁边,仔细观察着这只鸟,从头部看到尾部,然后又从尾部看到头部。观察了好几次,然后选中了鸟的眼睛。它悄悄地靠近那里。

它把自己的产卵管拿了出来,然后弯成直角插进鸟喙的连合处,一直插到底部。这个动作持续了半个小时,肉蓝蝇正在专心致志地产着卵。它并不是一次性地把所有的卵都产完,而是间隔一会儿继续产。每次产完以后,都会飞到网纱上面休息片刻,两条腿来回地搓来搓去,把产卵管搓得干干净净。估计是为了下次使用创造良好的卫生条件吧。

不久以后,它又感觉到自己的肚子开始膨胀了,这意味着动了胎气,于是又飞回到了鸟的眼睛处开始产卵,然后又飞回到网纱上面稍作休息。就这样,肉蓝蝇来来回回地产完了所有的卵。完成了传宗接代的使命以后,这只肉蓝蝇就安息了。我们来看看它把卵都产在什么地方了。

鸟的喙是紧闭着的,自然合拢的大腭就像两个酒桶一样,底部有一个槽,非常狭窄,只能伸进去一根马鬃。虽然小,但肉蓝蝇仍然有办法,它用自己那一个更细小的输卵管从这个槽插进去,然后将自己的卵产进去。仔细观察,我们可以看到鸟的喉咙口、舌头底和软腭上密密麻麻地贴了一层,看上去卵的数量还不少。为了看清楚鸟体内卵的变化情况,我用一根小木棍把鸟的两片大腭打开。我发现,过了几天,卵都孵化成幼虫了。这些幼虫成群地蠕动着,离开了出生的地方,往喉咙的深处爬去。

如果鸟喙的地方没有能发现任何通向体内的入口,肉蓝蝇也可能在鸟的眼睛处产卵,主要是在眼皮与眼球之间。卵产好后的几天,幼虫孵化出来了,它们就往眼球里面钻。看来眼睛也是进入体内的良好通道。

还有没有别的通道可以放卵,以便于幼虫可以在孵化后爬到鸟的体内呢?有!就是鸟的伤口。这只鸟的胸部有一个伤口,不

　　过伤口没有流血,而且我还有意地把鸟毛给梳理好,用肉眼是看不出来的。

　　但是肉蓝蝇似乎有灵感。它很快就飞过来,从头到尾地打量这只鸟,然后落到鸟的身上,用前足拍打鸟的身体。我想这是它检查猎物的一种方法吧,它根据拍打得到的反弹力,可以了解羽毛下面的情况。当然,你问我苍蝇的嗅觉能不能也派上用场,我觉得虽然可以,但是不会有太大用场,因为这只鸟还没有腐烂。

　　就这样,肉蓝蝇找到了伤口。这个伤口没有血液,并且被羽毛给封死了。怎么把卵给产进去呢?肉蓝蝇正在想办法。我看见肉蓝蝇立在伤口处的羽毛上,一动不动,一直坚持了两个小时。我不知道它在干什么。

　　等它飞走以后,我赶紧检查这只鸟的伤口。我发现皮肤和伤口上什么都没有。我又将伤口处的羽毛拔掉,并且挖开伤口。当挖到一定深度的时候,我才看见深埋在里面的卵。原来肉蓝蝇的输卵管是可以伸缩的,可以穿过厚厚的羽毛,将卵产在伤口的深处。我大致数了数,可能一个卵袋里面有三百多粒卵,数目真是惊人啊!

　　如果鸟没有伤口的话,肉蓝蝇会把卵产在什么地方呢?为了找到答案,我把鸟全身的羽毛给拔光了,而且我还把鸟的头给包起来,不让肉蓝蝇在那里产卵。这时候,我看见肉蓝蝇在鸟的身上慢慢地走着,长时间地侦探着鸟的身体,可是毫无结果。最后没有办法了,肉蓝蝇只好退求其次,找到了一个皮肤比较细嫩、光线比较弱的隐蔽之处产卵。因为皮肤细嫩,孵化出来的幼虫才有可能钻入皮肤,光线阴暗也适合这类昆虫生长。最后它选择腋窝和大腿根部与肚子交接的地方。不过卵的数量不多。这说明肉蓝蝇不怎么看好这块地方,只是凑合一下。

　　如果这只鸟连毛都没有拔的话,苍蝇连隐蔽的地方都找不到,也就没有办法产卵了。

　　我更加变本加厉,干脆用一张人造皮将这只鸟给包起来。这种人造皮倒不是真正的皮,只不过是一张纸罢了。我将一只死鸟用这种办法给包裹了起来,然后放在了我实验室的桌子上。随着一天到晚的日照角度的变化,它们有时处在太阳的光照下面,有时却陷入到阴影之中。它们的肉散发着某种味道,这种味道最能吸引肉蓝蝇。而且我的实验室的窗户一直是敞开的,任由外面的肉蓝蝇顺着肉的味道飞进来。

你看,它们忙碌地在这只套上了人造皮的鸟的身上走来走去,但是却无从下手。没有一只肉蓝蝇在鸟的人造皮上面产卵,甚至它们都没有尝试把产卵管插入到这层纸的折缝里面。产卵期过了,在鸟身上一粒卵都找不到。我想肯定是这些苍蝇知道自己的产卵管穿不透这一层纸,即便是产了卵,孵化出来的小虫也戳不动这些硬的皮肤,所以索性放弃了这个近在眼前的风水宝地。

就这样,我准备的那一只穿着人造皮的鸟在实验室的桌子上竟然放了三年。这三年之间,没有一只肉蓝蝇在它的身上产卵。一年过去了,两年过去了,三年过去了,这只鸟仍然放在这里。有时候我会打开人造皮套子来看,那只小鸟完好无损,羽毛很整齐,连一点儿腐烂的臭味都没有。它已经变成了一具木乃伊。

还以为它已经腐烂得成了一具骷髅架子,像露天的全身流脓、淤积血块的尸体那样恶心,但是一点儿也没有那样。尸体逐渐失去了水分,变干、变硬,然后活生生的一具木乃伊就横空出世了。现在我明白了,尸体要腐烂,少不了这些吃腐肉的昆虫,它们是良好的腐化剂。

我想我的这个实验可以证明在集市上发生的事情。在集市上,各种野味被一丝不挂地拴在绳子上叫卖,有山鸡、野鸡、云雀、鹌鹑等。它们就这样暴露在苍蝇的眼前,为它们提供了良好的生育环境。等到顾客把这些野味买回家,准备拿来做成美味佳肴的时候,才发现原来野味已经被蛆虫占领了。这还怎么吃呀?只有扔掉了。

不过，刚才我们谈到肉蓝蝇在找不到入口的动物尸体上是不会产卵的，但是事实却不总是这样。有的时候它们在面对有坚硬的表壳保护的尸体的时候，却大胆地将卵产进去。不信，我们可以看看下面这个例子。

一个大约一米高的金属白盒子里面装着一块鲜美的肉，白盒子的盖子有一点儿没有能够封上，露出一丝缝隙。这时候，从缝隙溢出的微微的香味吸引来了一只或两只肉蓝蝇。它们在金属的外壳上面探测了一下，想找到一个入口。但是没有办法，这块金属皮太厚了。于是它们来到了这块金属盒子的盖子下面，把自己那像针一样的输卵管插入到缝隙里面，将卵放了进去。不管卵是产在缝隙外面还是缝隙里面，排列都很整齐。为什么这一次肉蓝蝇在金属皮上面产卵，而不在前面那只用纸包裹起来的鸟身上产卵呢？难道是因为它喜欢金属皮，而不喜欢纸皮吗？

不是这样的。因为我的另外一个实验推翻了这种假设。我把金属盖子拿掉，用一张纸绷紧了，粘在盒子的口上，然后用小刀在新的盖子上割开了一条缝。这一次，也是纸，但是肉蓝蝇却欣然接受，在纸缝里面产卵了。

这一下我明白了，原来肉蓝蝇有着深厚的洞察功底，它们知道哪一道缝隙足够大，能够让未来孵化出来的幼虫穿透阻力，打开一条求生的道路。如果存在这样的缝隙，不管是纸的还是金属的，都是可以考虑的；否则它们根本就不会光顾。

这是我的一个发现，但是好奇的我还是不满足，还想要了解隔在鲜味和它之间那一层障碍物的颜色、光泽和硬度对于肉蓝蝇决定是否产卵有没有关系。

为了搞清楚究竟会怎样，我又做了一个实验。我找来了一些小的宽口瓶，每一个瓶子里面放一块鲜肉。瓶子的盖子各式各样，有的是用彩色纸做的，有的是用漆布做的。这时候，这些肉蓝蝇飞过来了，可是没有一只有在这些瓶盖上产卵的意向。接着，我用小刀在这些盖子上面划出一条小缝，这些肉蓝蝇马上改变了主意,跑到小缝上面产下了白色的卵。这些障碍物的颜色、光泽和硬度并没有起到什么作用。

　　到现在,我可以得出一个结论了:在产卵的时候,肉蓝蝇不会对产卵地方的颜色、质地、材料等产生兴趣,关键的是这个地方是否能够让它们的幼虫孵化出来以后,可以安全地爬出产卵地,并且找到食物。如果能,肉蓝蝇就会选择那个地方作为产卵之地。当然,如果这个地方非常适合养育后代,肉蓝蝇会多产几个卵,不然的话就会少产几个卵。一切的决定,全凭肉蓝蝇的侦察和直觉来决定。

幼 虫 的 能 力

　　这些卵产下来以后,大致需要两天时间来孵化。它们既可能在肉上面孵化,也可能在狭窄的缝隙里面孵化。孵化出来的幼虫马上就开始活动了。它们的最前面长着两根角质一样的小棍子,这两根小棍子彼此靠着,棍子的尖端是弯形的。这两根小棍子肯定不是用来吃东西的,因为根本没有办法拿起食物,它们是用来支撑身体走路的。幼虫用这两根小棍子轮流地支撑在路面上,同时尾部收缩,这样身体就可以往前行走了。

　　蛆虫不仅可以利用嘴巴上的这两根带钩的小棍子走路,而且还能够依靠它们来挖肉。你看它们往肉里面钻就好像往猪油里面钻一样地容易,原因就是如此。它们在肉上打洞,所到之处,只不过是喝几口肉汤罢了,肉是一点儿都不吃的。

　　蛆虫是靠着自己胃里面的一种消化液来把肉做成肉汤的。这种消化液含有一种功力强大的消化酶。下面的实验可以证明出来。

　　我把在沸水里面煮熟的一块蛋白拿出来,切下一小块放在小试管里面。然后在这些蛋白的表面撒上一些肉蓝蝇的卵。在另

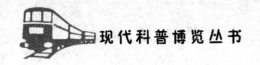

外一个试管里面只放蛋白，不放卵。

几天以后，幼虫孵化出来了，试管里面出现一种像水一样透明的液体。如果把试管倒过来，蛋白碰着了这些液体，马上就会溶化成为液体。可见，幼虫的消化液对蛋白的分解能力有多大，我换用一些药学院制作的人工消化液来做实验，都没有这么容易消化掉这么一块蛋白。这说明了蛆虫的消化液具有非常强的消化作用。

随着幼虫的长大，它们渐渐地淹没在被分解的蛋白液体中。一天到晚泡在液体中，它们显然不舒服，于是便极力往试管的上面爬，一直爬到顶；另外一只试管里面一点儿变化都没有，蛋白还是保持着不透明的白色，最多不过是有些发霉罢了。

幼虫从哪里释放的消化液呢？是从它嘴上的两根棍子里面。它在那里爬来爬去，棍子就一伸一缩，吐出了一点点的溶剂，就好像不爱干净的孩子到处吐口水一样。口水吐到哪里，哪里的肉就被溶化成了肉浆。

我又用了其他的材料来继续做我的实验。不同的材料会被溶化成不同样子的液体。比如像羊肉、牛肉和猪肉等，它们被溶化成为了带有酒精气味的棕色的糊。如果是选用肝、肺、脾等作为材料，它们则被严重腐蚀，变成一种流体。不过谷物被消化后不变成液体，而是溶解成为稀糊。

其他的材料不适合用来做实验，比如像脂肪、牛脂、新鲜肥肉、黄油等，因为蛆虫不能把它们消化掉，而且蛆虫很快也会死掉。可见，蛆虫的消化液对蛋白质起作用，对脂肪不管用。

它们的消化液对皮肤也不起作用，因为皮肤有一层角质层，能够抵御蛆虫消化液的作用。我想这可能就是肉蓝蝇在产卵的时候不会把卵产在鸟的皮肤上面，而是要选择喙、眼、喉或者伤口这些地方；即便是产在皮肤上，也要选择腋下这些比较嫩的皮肤上的原因。

一只母蝇能够产下多少枚卵？前面我从自己的实验中观察

到一窝是三百粒，但是那一次是在实验室里面观察的，所以条件受到了限制，观察得不够深入。这一次，我的朋友给我送来了一只冻死的猫头鹰，正好给我提供了另外一次认真而深入了解肉蓝蝇能够产多少卵的机会。

我拿到这只鸟的时候，发现尽管这只鸟完好无损，但是它的身上已经有了蝇卵。它的眼睛已经被一层白色的卵给覆盖了，并且鼻孔附近也有一团一团的卵。

我把猫头鹰的尸体放在罐子里面的沙土上，盖上金属网罩。然后放在了我冰冷的实验室里面，温度在冬天绝对会降到0℃以下。

到了第二年的春天，我再去看这只猫头鹰，原来的那些卵已经没有了，不知道什么时候就消失了。猫头鹰从表面看好像是完好无损的，朝天的肚子羽毛整齐。我把它的尸体拿起来，很轻，而且干瘪瘪的，没有发臭的气味。当时与沙子接触的背部却腐烂发臭了。一些骨头露了出来，皮肤变成了黑色，上面还出现了穿孔，很难看。

从猫头鹰现在的情况来看，它已经遭受到了肉蓝蝇幼虫的侵犯。肉蓝蝇的卵在冷冰冰的实验室里面安全地度过了一个冬天，并没有被冻死。然后在春天破卵而出，开始享受猫头鹰这个美味。猫头鹰的肉养肥了这些寄生虫们，当幼虫吃饱以后，就在猫头鹰身上打洞，一直打到了沙土里，然后一头钻进了沙里面，把自己埋进去。我想，这些幼虫应该都在沙里面吧。

不出我所料，这些幼虫果然在沙土里面，只不过现在全部变成了蛹。我把沙里面的这些卵全部拣出来，数了一数，竟然有九百多个。我不敢相信，居然这九百多个蛹都是一家人。

为什么这些肉蓝蝇的幼虫不选择在猫头鹰的体内变成蛹，而要跑到干涩的沙粒里面去呢？要知道，在猫头鹰的体内，就相当于自己生活在了食物的天堂里面，而且大家济济一堂，还可以互相取暖，度过寒冬。但是为什么要放弃呢？

这是由多方面原因造成的:第一个原因就是这些肉蓝蝇的幼虫其实已经把猫头鹰身上能够消化掉的肉全部给消化掉了,剩下的身体组织对于它们来说消化不了。如果你够勇敢,不妨打开猫头鹰的身体一看,这里面已经空空如也,所有的肌肉和内脏都不翼而飞,一片满目疮痍的样子。猫头鹰水分蒸发以后留下的躯壳硬梆梆的,幼虫想啃都啃不动。既然没有什么吃的了,不如走吧。第二个原因也很重要,当猫头鹰的尸体变干以后,会引来另外一种专门吃干尸的昆虫——皮蠹。这些皮蠹热衷于啃骨头,同时也热衷于挑逗那些肉蓝蝇的蛹。它们也许会因为好奇而咬上一口,轻轻松松地就葬送了这些还未出蛹的肉蓝蝇的小命。

肉蓝蝇的幼虫有充分的预见能力,早就在皮蠹来到之前它们就逃走了。逃到哪里才安全呢?不如就在沙里面吧。所以,它们就集体钻进了沙里面躲藏起来。

小肉蓝蝇埋藏自己也是有预见能力的,它们一般将自己埋到一掌宽的深度,如果埋得太深,恐怕还没有爬出来就死掉了。我做了一个实验,把卵埋在不同深度的沙中:埋在六厘米深的沙中的肉蓝蝇十五只中有十四只爬出来了,死了一只;埋在十二厘米沙底下的十五只蛹中只有四只成功爬出沙面;而在二十厘米厚的沙下面的十五只中,只有两只爬了出来,其余十三只在半途就气绝身亡;最后在六十厘米厚沙下面的十五只中,只有一只看见了阳光。其余十四只压根儿连蛹都顶不开,大概是因为压在蛹上面的沙太重的缘故。

看来从沙土里面爬出来是一件非常痛苦的事情,但是它们又必须在沙土里面完成自己的蛹变过程,所以关键的问题就在于自己埋藏的技术了。不能过深,也不要过浅,要恰到好处。

既然选择把自己埋在沙土里面,刚破壳而出的肉蓝蝇就必须自己爬出来。你看,它把头分成活动的两半,鼓着一对大大的眼睛,一边一个。裂开的额头中间有一个巨大的透明的疝(shàn)(肉蓝蝇额头的皮下组织聚集成为一团,形成的一个包)。当疝鼓起来的时候,头就变得很大,像一个大头钉一样。当额头的两半重新合到一块儿的时候,疝就缩小了。

别以为小肉蓝蝇额头一张一合,疝一鼓一瘪,是为了逗你玩,它们可是靠着这个动作来挖掘沙粒的。小肉蓝蝇就是用额头上的疝来撞击沙层,顶开沙粒的。出来以后,这个疝还有其他的作用,当我用镊子夹住刚好破土而出的肉蓝蝇的后足的时候,它额头上的疝又开始鼓动,和在沙里的动作一样。我想,这个动作应该是用来克服障碍的吧。

刚出蛹的肉蓝蝇是白色的,身体还很虚弱,翅膀还没有展开。出土以后,它的皮肤开始变硬、变黑,翅膀展开了,额头开始从左右两半合并成为一个,眼睛回到了正常的位置,疝缩下去了。

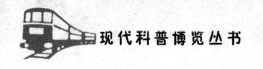

蜘　　蛛

黑肚皮的塔蓝图拉毒蛛

　　多数人,对蜘蛛都没有什么好印象。它是一种可恶的动物,人们一看到它就恨不得冲上去,一脚踩死它。但作为一名生物研究者,绝不会做出如此简单的结论。他们会认真地展开对蜘蛛的研究:它具有杰出的编织才能,狡猾的捕食手段,悲剧性的婚姻,还有其他吸引人的特征。

　　即使不是为了科学的目的,蜘蛛也是一种值得用心观察研究的生物。但在传说中,蜘蛛是一种有毒的生物,正是它背负的这个罪名,才使我们产生了最初的厌恶与反感。说它是带毒的动物,我是同意这种说法的,蜘蛛正是用带毒的尖牙武装自己,才能快速杀死捕捉到的小昆虫。但杀死小昆虫和杀死人是大不相同的。蜘蛛的毒素可以迅速杀死一只被网缚住的小昆虫,但对人而言,让蜘蛛蜇一下跟被一只小蚊虫咬一口差不多,没有丝毫危险。至少我可以保证,在我们居住的地区,绝大多数蜘蛛对人是没有危险的。虽然这样,少数人仍有些担忧。这其中主要是科西嘉的农夫,我们称这种担心为"多余的担心"。我曾看到在泥泞道路的车痕和蹄印里安身的蜘蛛,它布下一张致命的网,得手后勇敢地冲向比自己还大的俘虏;我也曾对它那缀着深红色圆点的黑丝绒"外套"欣赏不已。

但关于蜘蛛，我知道得最多的，还是那些让人恐惧不安的故事。在阿雅克肖和博尼法乔两地，蜘蛛被当作一种非常危险的，有时能置人于死地的动物。农夫们对这种看法深信不疑，而医生们又未敢反驳。在普约附近，离阿维尼翁不远的地方，农夫们谈到一种蜘蛛时，总是忧心忡忡。这种蜘蛛是李奥·杜弗在卡塔洛尼安山脉首次发现的。那儿的人说，被它咬中可不得了。意大利人讲起塔蓝图拉毒蛛也没什么好话。说这种印度蜘蛛会让伤者痉挛狂躁。他们说，这种病症叫作塔蓝图拉症，只能靠特殊的音乐才能缓解病痛。这种起医疗作用的音乐和舞蹈疗效显著。这种舞蹈节奏明快、动作灵活，是不是源于意大利卡拉布里亚城的农夫的医术呢？对这些怪事，我们究竟该当真还是仅仅付之一笑呢？仅从我所知的这些情况看，尚不能发表任何看法。

　　没有任何证据表明，这种音乐可以缓解伤者因塔蓝图拉毒蛛引起的狂躁；也没有任何证据表明，仅靠这种快节奏的让人出汗的舞蹈就可以缓解病痛。当卡拉布里亚城的农夫向我讲起塔蓝图拉毒蛛时，我丝毫没有嘲笑，反而陷入了深思和疑惑：这些蜘蛛也许真的该受诅咒，至少该受到冷遇。在这样的背景下，黑肚皮的塔蓝图拉毒蛛——我所在地区最厉害的蜘蛛，也许会引起我们的一些关注。我并不打算探讨医学问题，我最关心和感兴趣的是动物的本能。但既然在捕食战术中起关键作用的是毒牙，我就谈谈它们的功能吧。

　　塔蓝图拉毒蛛的习性，它捕食前的埋伏，它的战术和捕杀猎物的方法，这些是我以下要谈的内容。我很喜欢李奥·杜弗对塔蓝图拉毒蛛的描述，也正是这些描述使我走近了蜘蛛。这里我引出他的一段描述。这位朗赛的才子提到的是卡拉布里亚城普通的塔蓝图拉毒蛛，是他在西班牙发现的。他说：塔蓝图拉毒蛛喜欢待在开阔、干燥、未开垦的、能晒到太阳的地带。它们——至少是完全成年后——多住在自己挖掘的地下通道或洞穴里。这些洞穴多为圆柱形，直径一英寸，离地面约一英尺，并不是垂直的。

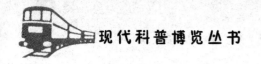

这些弯弯曲曲的"通道"说明了一个问题：这些地下居民不仅是有手段的猎人，还是聪明的工程师。对它们来说，洞穴不仅是躲避仇敌的藏身之所，还是捕食猎物的瞭望口。塔蓝图拉毒蛛能未雨绸缪，为一切突发事件做好准备：事实上，地下通道的起始处是垂直的，在大约离地面4英寸到5英寸的地方，就斜下去，形成一个钝角，然后又垂直往下走。塔蓝图拉毒蛛就守在拐角处，眼睛一眨也不眨地盯着洞口，像一个机警的哨兵。在搜寻它们时，我总能感觉到，就在那个拐角处，有一双像钻石一样闪烁，像鼠目一样贼亮的眼睛在暗中盯着我。洞穴的通气孔都是它们亲手建造的，像一座真正的建筑物，地面高度约一英寸，有时直径达两英寸，比洞穴还宽敞。这尺寸就像丈量过一样，能让毒蛛在捕食猎物时充分挥舞拳脚。通气孔主要由干木屑和黏土搅拌成的混合物建成。毒蛛一点一点地把混合物垒成一个直筒，中间是空的。这座户外建筑十分坚固，蜘蛛在其内部加了"衬里"——用丝密密地织出来的网。洞穴里也有这样一层。我们完全可以想象这层"衬里"起到了多么大的作用：既可以防滑防摔，又可以使洞穴保持干净，让蜘蛛安稳地守在哨所里。也许这些哨所外形并不都是一样的。事实上，在蜘蛛的洞口经常找不到这种哨所，也许是天气原因使哨所遭到了彻底破坏，以致找不到任何痕迹；或许是因为蜘蛛一时找不到恰当的建筑材料，也可能是因为只有少数体力与智力相当成熟的蜘蛛才能拥有这样高超的建筑天分。可以肯定的是，我确实见过很多这种哨所——蜘蛛洞穴的户外工程。蛛形纲动物的哨所有着好几种用途：洪水暴发时，它为蜘蛛提供避难之所；狂风劲吹时，它为蜘蛛遮挡户外的落物；它还是蜘蛛觅食所布置的陷阱，是飞蝇小虫的葬身之处。蜘蛛如此精明而英勇，谁又能识破这位猎手的诡计呢？

现在我们来谈谈更让我感兴趣的事——塔蓝图拉毒蛛的捕猎。蜘蛛的最佳捕猎期是每年的五六月间。当我第一次观察蜘蛛洞时，就发现它躲在洞穴的第一层，即前文所说的"拐角处"。

一开始我想用蛮力来对付它，就用一把一英尺、长两英寸宽的小刀不停地掏那些洞，一连干了好几个小时，却没有抓到蜘蛛。我又开始更大面积地寻找，想抓住一只塔蓝图拉毒蛛，冲动之下甚至想拿把斧头把这些洞穴劈开。最终我一无所获，终于放弃了武力，改用头脑。人们都说：需要是创造之母。我居然有了一个绝妙的主意：我找来一根植物的主茎，在顶部绑一个麦穗，用做诱饵，在蜘蛛洞口轻轻地晃动。很快我就发现蜘蛛的注意力被诱饵吸引过来了，开始谨慎地蹑着步向麦穗走过来。我将这个家伙引出洞，确信它已无法逃回洞中后，迅速抽开麦穗；蜘蛛见势不妙，转身朝洞口冲去，我当然不会让它得逞，抢在它之前把洞口封住了。塔蓝图拉毒蛛一时昏了头，就连躲避我的捕捉时也显得异常笨拙。最后我把它赶入一个纸袋，迅速封上袋口。

有时候，蜘蛛会按兵不动，与洞口保持一小段距离。可能它认为此时并不是跨越门槛的最佳时机，它的耐性显然超出了我的预料。在这种情况下，我只得改换战术：首先确定蜘蛛的确切位置，然后探明洞里通道的方向。一切准备就绪后，我用一把小刀沿通道斜插进去，堵住蜘蛛的后路，再用东西在洞口装蜘蛛就大功告成了。这套战术屡试不爽，特别在松软的土壤中更是百试百中。在这种恶劣环境的逼迫下，塔蓝图拉毒蛛要么受惊舍洞而去，要么顽固地以其背部来抗拒刀锋。如果蜘蛛采取第二种态度，继续顽抗，我会用刀把泥土连同顽抗的蜘蛛一同挑出来，然后轻松将它捕获。用这种方法，有时一小时能捕到十几只塔蓝图拉毒蛛。而有的时候，塔蓝图拉毒蛛识不破我的陷阱，那就不用花那么多工夫去想办法堵后路了。我只需把诱饵伸到洞穴深处，蜘蛛就会跟着麦穗一同舞动；我向外抽回麦穗，这个趴在麦穗上的蠢家伙就会被一同带出来。

据说，阿普得亚的农夫也常用这一招来捕获塔蓝图拉毒蛛：他们会在蛛穴处用一根燕麦穗模仿昆虫的声音。塔蓝图拉毒蛛给人的第一印象是可怕，特别是当脑海中浮现出它那凶猛的撕咬和狰狞的面貌时，更是让人不寒而栗。然而，在实验室里我却发现塔蓝图拉毒蛛特别易于被驯服。1812年5月7日，在西班牙瓦伦西亚，我逮到一只普通蜘蛛大小的塔蓝图拉雄蛛。当时我并没有伤害它，而是把它囚禁在一个玻璃罐中，用一张纸封起来。当然，我在纸上开了一扇活门。在玻璃罐底部，我放了一个纸袋，作为它的居所。为了观察塔蓝图拉毒蛛的一举一动，我把玻璃罐放在卧室桌子上。它很快便习惯了囚徒生活，最终也习惯了到我手上吃现成的小飞虫。用上颚的毒牙杀死猎物后，它像大多数蜘蛛一样并不满足，还会吮吸死虫的头：它用触须把飞虫肉片塞进嘴里嚼碎，把渣子吐出来，并把住处清除干净。几乎每次进餐后，它都要整理一下仪容，譬如用前腿上的跗节把触须和上颚里里外外清洗干净。做完这一切之后，它又安静下来。傍晚和深夜是它外出散步的好时候。我经常听到它不耐烦地抓挠纸袋的声音。蜘蛛所表现的这种习性证实了我的一个观点：无论是晚上还是白天，大多数蜘蛛都看得见东西。

6月28日，我的塔蓝图拉毒蛛开始蜕皮了。这是它最后一次蜕皮，模样没有改变：表皮的颜色依旧，身材也没什么变化。7月14日我不得不离开瓦伦西亚外出一趟，7月23日回来。在这段时间内，塔蓝图拉毒蛛没有进食。然而令我惊异的是：当我回来时，它看上去仍很健康。

8月20日，我又因有事外出了9天，虽然我的囚徒对忍饥挨饿很厌烦，但是中断进食对它的健康却没有什么影响。

10月1日，我再次因为外出而中断了喂食，以为会像前两次一样，回来后见到蜘蛛仍安然无恙。10月21日，由于我们打算在离瓦伦西亚50英里的某地待上一段时间，我就安排一个人去取塔蓝图拉毒蛛。但是很遗憾，派去的人回来告诉我，塔蓝图拉毒蛛不见了。从此以后我再没有它的消息，它就像从地球上消失了一样。

最后，我只能用一段文字来结束我对塔蓝图拉毒蛛的观察。

这是段描述塔蓝图拉毒蛛之间惊人的打斗场面的文字。有一天，我逮到了很多只蜘蛛。为了看一场殊死搏斗的好戏，我挑选出两只已完全发育成熟的强壮雄蛛，把它们放进同一只大玻璃罐中。开始，两只蜘蛛沿着角斗场走了好几圈，试图避开对手，但是经过最初的试探之后，它们就好像听到了发令枪声一样，表现出腾腾杀气。它们并没有马上猛扑上去撕咬，而是仍然保持一段距离，最后竟然都一屁股坐在后腿上。这是为了保护自己的胸膛免遭对方攻击。它们相互对峙了大概两分钟，毫无疑问，在这期间彼此焕发了斗志。两分钟刚过，几乎同时，两只蜘蛛一跃而起，向对方猛扑过去。它们各自舞着长腿缠住对方，顽强地用上颚的毒牙撕咬。不知是疲劳过度还是依照惯例，不久，角斗暂停了。双方从各自角斗的位置上撤退下来，但是都保持着威慑状态。这种情况让我想起了猫之间的奇怪争斗，因为猫在争斗过程中也存在休战状态。当两只塔蓝图拉毒蛛又重新投入角斗时，厮杀更加惨烈。最终，角斗失败的一方会被胜利一方从场心抛出。它必须承受失败的厄运，它的头颅将被撕开，成为征服者口中的美食。在这场令人惊叹的大决斗之后，我留下那只得胜的塔蓝图拉毒蛛达数周之久。

在我的实验室里并没有普通的塔蓝图拉毒蛛，这种蜘蛛的习性将在狼蛛的特点中介绍。但是我有一种非常奇怪的蜘蛛，个头与塔蓝图拉毒蛛或纳博纳狼蛛差不多，跟其他种类的蜘蛛相比，个头却要小一半。它的下身就像穿了一条黑色的天鹅绒裤子，腹部还有褐色的波浪饰边，腿上则缠绕着灰色和白色的圈纹。它的家十分招人喜爱。通常它把家安在干燥的、铺满百里香叶的卵石小径上。在我的实验室里分布着大约20个蜘蛛洞，在当我路过任何一个蜘蛛洞时，都要停下来看一眼这些发光的小洞。这些蜘蛛的4只大眼睛，或者说是它的4个望远镜，像钻石一样，发着光。另外4只小一点的眼睛，则藏在深洞里无法看到。

如果时间充裕，我还会走出家门，到离家几百码远的邻近的山上走一走。这里过去是一片茂密的森林,现在却有一点凄凉,只剩下蟋蟀在啃嫩草,穗即鸟在光秃秃的石头之间飞来飞去。人类对物质利益的盲目追求糟蹋了这片土地。因为葡萄酒价格不菲,当地的农民就把这片森林砍掉种上了葡萄。然而根瘤蚜虫一来,葡萄藤就枯萎了。一山的绿阴变成了荒凉的不毛之地,只有鹅卵石间钻出的生命力极强的几缕青草还在抽条返青,显出一点生命的绿色。

这块废弃的土地成了狼蛛的乐园:如果需要,一小时之内我就可以在一块指定的小地方找到上百个蛛洞。这些洞深约一英尺,开始一段是垂直的,然后像人的手肘一样拐了个弯,通向人看不见的深处,洞的直径大约是一英寸,洞口通常会有一个圆栏。这是蜘蛛用稻草以及各种零碎材料,甚至小鹅卵石做成的。圆栏建成后,蜘蛛就用丝把它包起来。蜘蛛通常会把附近的干草、草叶拖到一处,吐出丝,把它们束在一起。虽然利用的是草茎,但草叶却也无须去除。有时,它并不用草茎来做圆栏主架,而是用一些小石头来搭建。总之,蜘蛛能就近采集到什么材料就用什么材料。

这种节省时间的做法,会导致圆栏的防御墙变化多样,高度也会各不相同。有时一堵防御墙就像是一座一英寸高的炮楼,有时却只相当于一个圆物件突出的边缘。相同的是,它们都是用蛛丝牢固地续合起来的,宽度与地道的宽度是一样,因此是比较宽敞的。当我们从洞口,也就是塔蓝图拉毒蛛为了活动腿脚而在塔楼上特设的平台向里张望时,我们看不到蜘蛛庄园的里外直径有什么差别,事实上两者也是相同的。

黑肚皮的塔蓝图拉毒蛛在建造洞穴时所遇到的困难也不尽相同。如果地表层是松土或其他相同的土质,蛛洞的形状就可以任意选择而不受拘束,一般来说它愿意采用圆柱试管状。但是当地表层卵石含量较多时,它就不得不按照石头的分布状况来修洞穴。这样建造出来的洞穴通常表面不平整,形状更是拐弯抹角,但是由于可以直接把坚硬的石头当作内墙,蜘蛛也落了个轻松自在,省掉了许多挖掘时间。不管洞穴形状是规则的还是不规则的,蜘蛛都会在四壁布上一定厚度的丝。这样做有两个目的:一是防止泥屑掉落;二是可以迅速爬出洞外。

我的朋友邦利利曾用他那并不熟练的拉丁文告诉我怎样去捕捉塔蓝图拉毒蛛。我是这种方法的忠实采用者。我在塔蓝图拉毒蛛的洞口轻轻挥舞麦穗,模仿一只蜜蜂"嗡嗡"的叫声,吸引它的注意。蜘蛛以为猎物在洞口,就会猛冲出来。但是我从来没有成功过。受此声音的诱惑,蜘蛛的确会从地表深处的房间里爬出来,但是它并不轻易扑出洞口,而是张望探视。这个诡计多端的家伙很快识破了我的伎俩,又惊恐地逃回地下的老窝。它的老窝通常在横道中,非常隐蔽,从外面根本看不到。

李奥·杜弗在一本书中介绍的另一种方法似乎更为可行,前提是要控制好自己的动作,沿着洞中通道的方向迅速将一把小刀插进洞,截断已经被麦穗吸引却不肯出洞的蜘蛛的退路。如果土质疏松,你的手法又小心熟练,成功的希望是很大的。不幸的是,并非一切尽在你的掌握之中! 有时候,你把小刀插进去,碰到的却是坚硬的石头,因此必须另寻良策。

对付塔蓝图拉毒蛛,以下是经过验证最为有效的方法,我把它们介绍给未来的捕猎手:把一根头部绑有麦穗的植物主茎伸进蛛洞,不断地旋转、移动。塔蓝图拉毒蛛被这个突如其来的东西骚扰一番后,出于自我防御的考虑,很可能会咬住麦穗。当你手指感觉到有点重量以后,就说明猎物已经上钩了,塔蓝图拉毒蛛已经用毒牙咬住了主茎顶部。这时轻轻地、缓慢地、小心地把主茎向外拖,蜘蛛会跟着主茎从洞中一起被拖出来。当蜘蛛开始进入垂直通道时,我会尽量找一个地方躲起来,不让它看到。只要看到我,这个狡猾的家伙就会松开嘴巴,溜回老窝。当蜘蛛被诱拖至洞口时,是最关键的时刻。如果继续轻轻向外拖的话,蜘蛛会感觉到它已经被拖出家门了,不安全感使它转身入洞,而我

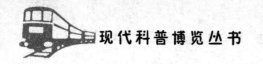

就会竹篮打水一场空。用这种办法把这个生性多疑的家伙拉出洞来是不可能的。因此,当蜘蛛到达地面时,我会把主茎猛地向外拖。蜘蛛被这动作惊呆了,来不及松开牙齿,就被提出了洞口。这时要捉住它就是轻而易举的事了。一旦身处户外,蜘蛛就胆小如鼠,根本没有逃跑的能力。你可以把它装进一只纸袋并封上口。

　　把咬住麦穗的塔蓝图拉毒蛛拉出洞外需要一点耐心。而以下方法却来得更快:我费尽心思捉到一些笨拙的蜜蜂,把其中一只放进一只小瓶,瓶口足以盖住蛛洞入口,然后我把瓶子倒过来盖在洞口,作为诱饵。蜜蜂开始时在玻璃瓶中鼓动双翼,发出"嗡嗡"的声音,以示抗争。当它发现蜘蛛洞与它的家相似时,它就会义无反顾地钻进洞里。然而此举是非常不明智的:因为当它飞下去时,蜘蛛也正从洞里匆匆向外赶,它们通常会在垂直地段狭路相逢。过一会儿,你就会听到从地下传来的声音,是那只笨蜜蜂抗拒蜘蛛的撕咬时发出的"嗡嗡"声。然后伴之而来的便是长长的沉默。这时,我就移开瓶子,将一把长镊子伸进洞去。镊子夹出来的首先是一只死蜂,显然刚才发生了一场令人恐怖的悲剧。蜜蜂的尸体被夹出来以后,紧随而来的便是蜘蛛,这个贪得无厌的家伙,实在舍不得这么一顿丰盛的饭菜。这个猎手就这样被带到了洞口。

　　有时,多疑的蜘蛛还是会丢下猎物重返洞里;但是我们只要把蜜蜂的尸体置于离洞口数英寸的地方,静待几分钟,蜘蛛就会离开堡垒,再次捉住猎物。就在此时,它的洞门已经被猎手的手指或一块卵石挡住了。

　　我用这种方法并不是为了捕捉塔蓝图拉毒蛛。我对用瓶子养蜘蛛毫无兴趣。我感兴趣的是另一件事。当时我想邀请的是一个只管自己的雌猎手,它通常不为后代准备足够的食物。它捕到的猎物,往往都填进了自己的肚子。它不是一个"克制"的蜘蛛,不会采用理智的用餐方法,将猎物保留好几个星期,每次只吃一小部分;它是一个杀手,在搏斗现场就吞食了猎物。对于它来说,不存在什么慢条斯理的活体解剖,也就是说它根本不会给猎物反应的机会,而是尽可能快地,争取一招致命。这样,攻击者在攻击时受对方伤害的可能性就降至最低了。此外,它的捕猎游戏动作大,有时也凶险无比。这个雌蜘蛛平时埋伏在塔楼里,静候值得它一试身手的猎物出现。那些个子大、爪子有力的草蚱蜢,性情暴躁的大黄蜂,笨拙的蜜蜂,以及其他一些佩带毒剑的家伙,不时地跌落于它的伏击圈之中。此时参与决斗的双方在武器装备上可谓旗鼓相当。狼蛛用有毒的尖牙撕咬,黄蜂则用有毒的"利剑"猛刺。决战双方到底谁能"笑"到最后呢?这实在是难以预测。

塔蓝图拉毒蛛没有保护自己的第二招:既没有用来缠住对手的丝绳,也没有什么诡计可用。我们知道,当昆虫被捕猎网缠住时,园蛛会迅速吐出漫天的蛛丝把猎物层层罩住,使猎物根本来不及抵抗。待猎物被包裹严实后,园蛛用毒牙在猎物身上扎几个洞,然后撤下来,蹲到一边休息,直至猎物不再挣扎,彻底平静下来后,才大摇大摆地返回搏斗现场。这时就没有什么危险了。然而对于狼蛛来说,它的天职似乎就是冒险。除了那一往无前的勇气和锋利无比的毒牙,它没有任何其他的东西可以利用。在如此不利的情况下,去对付那些凶猛异常的猎物,它只有充分发挥自己过人的技巧,才能将猎物玩弄于股掌之间;只有充分运用它极其迅速的杀招,才能一举摧毁它的敌人。摧毁到什么程度呢?看看我从蜘蛛洞中拉出的蜜蜂尸体,你就应该有一个直观的认识了。一旦"地表深处的哀鸣曲",也就是蜜蜂那刺耳的嗡嗡声停止,我就迅速插入一只镊子,拉出来的昆虫尸体惨不忍睹,吸管低垂,腿脚残缺。当我把蜜蜂的尸体拉出洞口时,它的腿不会有一丝微颤,这场悲剧已经结束了。蜜蜂的死是瞬间发生的事。

我每次从蜘蛛那令人恐怖的屠宰场拉出昆虫尸体时,都会一次又一次地惊叹,这些昆虫丧命竟如此之快。因为两种动物在力量上几乎相同：我是从体形最大的熊蜂中挑选蜘蛛的对手的。它们的武器也不相上下：熊蜂的"镖枪"和蜘蛛的毒牙有得一比，我认为前者的一蜇甚至比后者的撕咬更为厉害。塔蓝图拉毒蛛究竟有什么绝招，每回都占先机？此外，它又凭什么在如此短暂的激战中，全身而退，毫发无损？它每次都大胜而归，一定用了什么狡诈的招数。虽然它可能乘人不备用毒，但是说什么我也不会相信，仅凭在对手身上胡乱注射一点毒液就能产生如此骇人听闻的惨状。即使最毒的蛇，在捕杀猎物时也要斗上几小时才能有这样的效果，而塔蓝图拉毒蛛却连一秒钟都不用，真正称得上杀人不眨眼了。

因此，我们应尽力寻找一个合适的说法来解释这种迅速死亡，而不应仅仅着眼于蛛毒的致命性：关键之处在哪儿呢？在熊蜂身上是不可能找到答案的，它们进了蜘蛛洞，而谋杀又是发生在我们看不见的地方。即使用放大镜，我们也不能在蜜蜂尸体上发现任何伤口，由此可见蜘蛛所用武器之精良。

也许让两个对手面对面攻击更能发现问题。我就经常把塔蓝图拉毒蛛和熊蜂放在同一个瓶子里。没想到，它们竟然互相逃窜，看样子它们都不想成为对方的俘虏。我曾经让它们在一起待了24小时，然而令人失望的是，任何一方都没有主动侵犯的意思。表面上看来，它们彼此漠不关心，其实是在拖延时间考察对手的实力，而不会贸然进攻。这样，每次实验总是无功而返。

换用蜜蜂或黄蜂与塔蓝图拉毒蛛做实验时，我曾取得过成功。但是激战发生在晚上，因此我还是一无所获。只在第二天早上，发现蜜蜂与黄蜂均被消灭了，最后只能凭塞在蜘蛛上颚的肉屑，才能证明它们曾经存在过。羸弱的猎物成为蜘蛛午夜的点心。

面对一只颇具威胁的猎物，蜘蛛并不主动攻击。对被俘的恐惧冷却了猎手的激情。两位"运动员"相互间的敬畏，使得它们彼此保持一定的距离。

如果我们把角斗场的面积减小，我们改用一只直径仅供一位角斗士容身的试管，把熊蜂和塔蓝图拉毒蛛放入试管，结果仍不如意，它们只发生了一场小小的争吵。如果熊蜂在试管下面，它会以背着地，用腿来抵挡蜘蛛的进攻，没有抽出毒刺。而蜘蛛呢，也用长腿来控制局面，它尽量把身体撑离光滑的玻璃管，并尽可能远离对手。然后，它就会停下来静候鏖战的到来。很快那只粗鲁的熊蜂发动进攻了。刚开始时应该说是熊蜂占据优势，塔蓝图拉毒蛛只是靠着长腿自卫，左推右挡，使敌人远离自己。总之，两个对手除激烈地扭打在一起外，并没有其他值得注意的地方。狭小试管中的搏斗一点也不比阔大瓶子中的战斗激烈。一旦离开家，蜘蛛就变得胆小如鼠，它几近倔强地拒绝战斗；虽然熊蜂举止轻佻，总是先行挑衅，但事实上，熊蜂也不愿意和蜘蛛进行殊死搏斗。

　　最终我不得不放弃实验。我们必须强迫塔蓝图拉毒蛛参加决斗，逼迫它拿出在自己堡垒时战斗的猛劲来。当然，我们也不能再用熊蜂了，这个家伙总是一头撞入蜘蛛洞中，使我们观察不便。我们必须找一个合适的替补选手，一个不那么喜欢钻洞的选手。木蜂就是合适的对象。在我家的蜜蜂中，它体形最大，也最强壮。这种蜜蜂身着黑天鹅绒，扑扇着一对紫纱般轻盈的美丽翅膀，出没于花园，停泊在鼠尾花之上。而它的个头超出熊蜂足足一英寸。它的毒针毒性很强，被它蜇过，皮肤马上就会肿胀，并伴有长时间的持续性剧痛。在此项研究中。我留下了许多珍贵的记忆。后来发生的事也证明，它的确是塔蓝图拉毒蛛的强劲对手。

　　我成功地用塔蓝图拉毒蛛测出了木蜂的分量。我把一定数量的木蜂一只只放到玻璃瓶中。瓶子虽小但是瓶颈却够大，足以覆盖帆蛛洞穴的入口。我挑出来的猎物很凶猛，足以对雌猎手造成威胁。而我选出的猎手更是百里挑一。我选择那些最强壮、最勇敢和最饥饿的毒蛛作为猎手：我把绑有麦穗的植物主茎伸进蜘

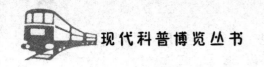

蛛洞。如果它行动迅速,如果它体形高大,如果它有足够的勇气爬到洞口,它就具备了成为一名优秀猎手的资格。如果它做不到以上几点,它就没有资格参加游戏。

在选定了角斗的选手后,我把一只装有木蜂的瓶子倒过来盖在已选定的蜘蛛的洞口处。蜜蜂在玻璃瓶中"嗡嗡"直叫,如临大敌;而雌猎手则从洞穴神秘的深处往上爬,赶到入口停下来等待观望。我也在等待。15分钟过去了,30分钟也逝去了,仍没有发生任何事情。蜘蛛转身往回走:可能它认为在这种情况下出击太危险。然后我试第二个、第三个直至第四个蜘蛛洞:情况仍然没有改变。塔蓝图拉毒蛛拒绝离开它的安乐窝。

因为我坚持不懈,幸运终于向我微笑了。这之前我差点就要放弃了,特别是暑天酷热难耐,我几乎丧失了继续实验的勇气。有一只勇敢的蜘蛛突然冲出洞来,毫无疑问,它一定是因为长期不能出门捕食而激起了战斗的雄心。眨眼间,悲剧在玻璃瓶里发生了:不可一世的健壮的木蜂战败身亡。

雌杀手究竟在何处给了死者以致命一击呢?现在可以清楚地回答这个问题了:塔蓝图拉毒蛛在行凶以后并没有马上逃走,它的毒牙仍深深地插在木蜂颈背上。这个杀手果然具有我所推测的本领:总是能击中要害,将毒牙刺进猎物的神经中枢。总之,猎物身上只留下一个伤口,一个快速致命的伤口。

看到这种杀戮技巧,我很高兴,连被日光暴晒出的水泡也似乎好了一些。但偶然事件并不等于惯常事件,俗话说"一燕不成夏",轻率地以偏概全必成大错。我所见的究竟是偶然的,还是真正有组织有预谋的谋杀行为呢?我又用其他的狼蛛做了实验。但耐心地试了许多只以后,我发现:没有一只愿意从洞里冲出来,去攻击那些木蜂。它们的胆子太小,不敢接受可怕的挑战。那么什么才能让狼蛛跑出树林,让塔蓝图拉毒蛛冲出洞穴呢?只有饥饿。显然,如果这些蜘蛛像前一只一样,饥肠辘辘,一定会向蜜蜂猛扑过去,谋杀场面也将在我眼前重演。而猎物的后颈上会再次留下伤口,于瞬间丧命。如果我提供相同的条件,这些杀手都会犯罪。从早晨8点到午夜,又有两次谋杀发生,证实了我的结论。

我认为,我所看到的已经足够证明我的推论。这个身手敏捷的昆虫杀手,已经暴露了它的杀虫秘诀:它向我展示了南美大草原的屠夫所拥有的精妙的捕杀技巧。

不过我还需做室外实验,而不仅仅是几个室内实验。因此,我收集了一些毒蜘蛛,并把它们放到瓶子中养起来,用来观察蜘蛛毒牙咬猎物不同部位的伤害效果,以及毒液的毒性。我用前面说到的方法捉了几只蜘蛛,分别放进事先准备好的12只瓶子和试管。我的实验室里满是这些狰狞古怪的狼蛛,如果谁突然看到,肯定会连声尖叫。

虽然塔蓝图拉毒蛛蔑视对手,或者担心进攻的后果,但是对于送到嘴边的肥肉,它也不会有丝毫犹豫,马上使出毒牙咬一口。因此,当我用夹子夹住昆虫,把昆虫的胸部送到蜘蛛嘴边时,如果它还没有对实验厌倦,就会立刻亮出毒牙刺向猎物。

我首先用木蜂做实验品,观察被蜘蛛咬后的结果。当蜜蜂的脖子被蜘蛛的毒牙刺过后,马上就命丧黄泉。这是我在蜘蛛洞口亲眼见到的。而当蜜蜂的腹部被蜘蛛毒牙刺伤后,我立即把它放入一只大玻璃瓶中,并松开镊子让它自由活动。蜜蜂一开始还像没受重伤一样,行动和平时没什么两样。它依然鼓动着双翅"嗡嗡"地叫。然而30分钟不到,死神就把它带走了,只剩下一具躯壳静静地仰卧或侧卧在瓶底。或者30分钟后它的腿还在颤动,腹部还在轻微地抽动,虽然生命尚未终结,但这垂死的蜜蜂顶多只能坚持到第二天。

实验得出相同的结论,我不得不相信:强壮的蜜蜂被蜘蛛的毒牙刺中脖子时,会当场丧命;而蜜蜂的其他地方,如腹部被刺中时,至少还能支撑半小时,也就能利用"镖枪"、上颚或腿来进行报复,也能让狼蛛吃点苦头。这种现象我也曾看见过。有时蜘蛛在用毒牙刺蜜蜂时离蜜蜂的毒刺太近,反而被蜜蜂的毒刺所伤,24

小时后就会毒发身亡。因此,在对付这种危险的猎物时,蜘蛛须用毒牙刺中猎物脖子上的神经中枢,让它快速死亡,否则,蜘蛛的生命就会受到威胁。

蚱蜢是我实验中的第二种牺牲品。我使用了和人的手指一般长短的绿蚱蜢和大头蝗虫。这些昆虫被蜘蛛咬了脖子后,出现同样的结果:它们迅速丧命。而其他部位,特别是腹部被咬,它们都能咬牙撑过一段时间后才死亡。我曾亲眼看到,一只蚱蜢被蜘蛛咬中腹部后,顽强与死神抗争了15个小时才平静地告别生命。开始它也试图爬出瓶去,然而光滑实验瓶的直壁成了囚禁的狱墙,最终它从光滑的瓶壁上掉下来毙命。

蜜蜂这么细小的生物被咬后,不到半小时就会停止抗争,而蚱蜢这种粗壮的反刍动物,却能坚持一整天。如果不考虑不同生物器官的敏感度,我们可以得出如下结论:如果一只昆虫的脖颈被塔蓝图拉毒蛛咬中,昆虫会当场丧命,即使它体形巨大;假使咬中的是身体的其他部位,最终昆虫仍会死亡,但是要过一段时间才死,而时间长短则随昆虫的不同而不一样。

这就解释了为什么爬出洞的塔蓝图拉毒蛛在面对那些肥硕诱人但却危险异常的猎物时,会在洞口犹豫一段时间的原因了,这段时间对于实验者来说实在令人烦恼无比,又无计可施。它们拒绝攻击的主要对象是木蜂。事实上,仅凭勇猛是不能捕捉到木蜂的:如果蜘蛛没有抓住机会给予致命一击,而是胡乱地在木蜂身上咬一口的话,它的生命就会受到垂死挣扎的木蜂的威胁。只有后脖颈才是最脆弱的部位,只有咬中后脖颈后才会使对手立即死亡,咬中其他部位均不会产生这样的效果。如果不立即置木蜂于死地,那就意味着它将被激怒,变得更危险。

显然蜘蛛深谙此中道理。因此,它会看准一个最恰当的时机,以洞穴入口作掩护而迅速撤退,幸运的话,它会轻而易举地咬中大蜜蜂的脖颈,可以从容地目睹那庞然大物在它面前轰然倒地,再迅速扑上前去吃食。如果情况不妙,出于对暴戾猎物的惧怕,它就会躲进洞去,这就是为什么我要变换两个观察点,并在每个观察点花上4个小时观察塔蓝图拉毒蛛捕杀猎物的原因。

以前,受到昏迷黄蜂的启发,为了麻醉昆虫,我曾试图给一些小昆虫注射氨水,如象鼻虫、吉丁虫、金龟子,它们严密的神经系统使我的生理学实验非常成功。我像一名小学生准备聆听老师的讲课一样,谨慎认真地为吉丁虫、象鼻虫注射麻醉剂。为什么今天我不能模仿这位专业杀手——塔蓝图拉毒蛛呢?

于是我用一个细针筒,把氨水注入木蜂或蚱蜢的头盖骨底部。很快这些昆虫便挺不住了,除自然地抽搐几下外再没有其他动作。在受到如此刺鼻的液体攻击后,它们的颈部神经节停止了工作,然而,它们并不会立即死亡,剧痛会折磨它们一段时间。这个实验结果并不完全令人满意。为什么注射氨水的昆虫不会立即死亡呢?

这是因为,我所用的氨水的致命性根本不能与蜘蛛毒液的毒性相比,至于狼蛛的毒液有什么令人害怕的毒性,看看下面的文章你们就会有所了解了。

我故意让塔蓝图拉毒蛛在一只正欲离开鸟巢学习飞翔的小麻雀腿上咬了一口。被蜘蛛咬过的伤口马上流出了一滴血,刚开始时伤口是一圈微红色,然后变为紫色。这只鸟儿的受伤的腿立即就瘫痪了,不能运动,只能靠身体其他部分来拖动,而脚趾则肿胀成平时的两倍。小鸟只能用另一只脚单腿跳跃。除了这些,"小伤员"似乎并没有其他不适,胃口也很好。我女儿还喂它吃小飞虫、面包屑和杏仁肉。它状态良好,重新恢复了力量,连那条为科学而牺牲的腿仿佛也将恢复健康——当然这仅是我们的一相情愿。12个小时后,治愈的希望越来越大,"伤员"也愉快地进食。如果我们喂食动作慢了,它甚至会像婴儿般哭闹,但是它的腿仍然不能行动,于是我暂时麻醉它受伤的腿。两天以后。它开始拒绝进食。小麻雀用皱巴巴的羽毛把自己包裹起来,缩成一团,没有任何动静,只是不断地抽搐:它在拒绝死神的到来。女儿把它捧在手心里，用呼出的热气来温暖它。然而抽搐变得越来越频繁，一阵喘息后，一条生命消失了。

那天我们全家人共进晚餐时，气氛非常冷淡。从家人紧闭的双唇中，我听到了责备，因为我的实验都是在他们眼皮底下完成的。我也听到了他们对我的残忍的无声控诉。显然，那只不幸的小麻雀的死令我的家人十分悲痛。我的良心也并非没有一丝不安：为了这么一点成功，我付出的代价显然太大了。尤其是，我并不是那种对一切都无动于衷的人，无缘无故就把活生生的狗开膛剖肚。

然而为了科学，我却鼓足勇气，又用鼹鼠来重新开始实验。那只鼹鼠是在莴苣地里被我捕获的，很能吃，要让它待上一些日子，你就要备下足够的口粮，不然它会有饿死的危险。在实验过程中，我必须每过一段时间便为它提供一顿适量的饭菜，不然，纵使它不会因伤而死，也会被活生生地饿死。因此，实验之前我不得不想办法让小囚徒在实验过程中维持生命。我将鼹鼠装进一个大容器，不让它轻易脱逃，还备有多种昆虫供它享用：甲壳虫、蚱蜢，特别是蝉，这些昆虫都是它的美食。在观察鼹鼠24小时之后，它良好的状态使我确信鼹鼠对我定的菜单非常满意，正在享受它的囚禁生活。

然而天下没有免费的午餐，我终究还是让塔蓝图拉毒蛛在它鼻尖上咬了一口。被咬之后，鼹鼠总是用爪子抓搔鼻子。它感觉那地方像被火烧过一样，又痛又痒。从那以后，每餐按定量摆到它面前的蝉，它吃得越来越少。到了第二天晚上，它甚至开始拒绝吃任何东西。受伤后大约36小时，鼹鼠便死了，显然它不是饿死的，因为容器内至少还有三只活蝉和一些甲壳虫。因此我们可以说，对昆虫或其他动物来说，塔蓝图拉毒蛛的致命一咬都是危险无比的。它对麻雀是致命的，对鼹鼠来说无疑也是致命的。

根据前述实验，我们能得出什么观点呢？我还不知道，因为我的实验仅止于此，没有再进一步。但是，从我所观察到的这些情况便足以判断,被蜘蛛咬中不是一件小事,我们切不可等闲视之。这就是我要告诫医生的话。对于那些讲究理论的昆虫学家,我还有一些别的话要说:我不得不请求你们把注意力集中在这些昆虫杀手们的高超技术上,这家伙的技艺足以与"麻醉师"的技艺相媲美。在这里我用的是"昆虫杀手们",这是因为塔蓝图拉毒蛛得与其他种类的蜘蛛,特别是那些捕猎从不用蛛网的蜘蛛共享这一"美誉"。这些昆虫杀手以捕杀猎物为生,它们通常给猎物脖颈上的神经中枢以致命一击,使猎物迅速死亡;而"麻醉师"为了保证幼虫食物的新鲜度,只是刺中猎物脖子的神经中枢,使之不能动弹,处于麻醉状态。虽然两者均是攻击猎物的神经中枢,但是捕获目的的不同,使它们选择不同的攻击地点。昆虫杀手要置猎物于死地,消除对自身的危险,攻击的是猎物的脖子;"麻醉师"只想麻醉猎物,它根据猎物的特殊生理结构,不攻击脖子而选择脖子以下的部位,有时只攻击一处,有时攻击三处,甚至是猎物全身,这要根据猎物的生理结构来定。"麻醉师"们,至少它们中的一部分,对脖子神经中枢的重要性是十分清楚的。我们曾见过咀嚼毛虫头的沙蜂,也见过使劲撕咬螽斯脑袋的绿泥蜂,它们只是为了使猎物不能行动,所以这只能算是攻击脑袋,甚至是某个不致造成重大损害的部位。它们小心翼翼,不让自己的毒针刺伤这些猎物的重要部位。它们从未想过要用毒针来杀死猎物,因为它们的幼虫不喜欢吃死尸。只有蜘蛛喜欢把自己的匕首四处乱刺,而且专挑那些要害部位,以此激起剧烈反抗。它们要迅速消耗对手的体力,得到粮食,它们将毒牙扎进别的动物小心避开的部位。如果以上这些巧妙而科学的杀招不是蜘蛛的本能,而是后天养成的习惯,那我实在想不出这是如何养成的。自然法则虽已存在,但事实不容否认,无论如何,理论的迷雾是遮盖不住事实的。

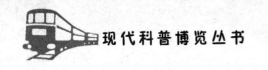

虎 纹 园 蛛

　　当瑟瑟的秋风吹来的时候,昆虫们无所事事,它们纷纷向我们挥手告别,躲到一个温暖、舒适的地方享清福去了。因此,观察者只能在温暖的天气里,到一些偏僻地方才能觅得这些昆虫们的行踪。比如,沙砾之中,石块底下,或断枝残桩堆里,只要坚持不懈,你总会有一些惊喜,就像一件精美的艺术品突然撞入眼帘,让你激动不已。我认为,幸福就是如此简单,没有比找到宝库使抱负得以实现更让人感到幸福的事了。

　　在柳林和矮树丛下的杂草中仔细搜寻,你就能享受到发现精彩世界的幸福时刻。我眼中的精彩世界就是虎纹园蛛的小屋,这是一件由屋主人精心创造的艺术品。根据生物分类,蜘蛛并不算昆虫,因此园蛛似乎不该长成这样。但它无视这种自然分类。这正如动物有8条腿而不是6条腿或有肺囊而不是气管一样,对于学生来说,这种严格的区分是不重要的。

　　蜘蛛属于节段动物,即肢体成节状结构,这种结构在"昆虫"和"昆虫学"的定义中也有表述。以前,为了便于描述,人们称它们为"节肢动物",这种称法浅显易懂。但现在人们已不用了。他们改用一个浮华的术语"节肢动物门"。想到有人提出这种称谓是否有真正意义上的改进,我真想骂上两句! 起初,他们用"虎段",然后又抛出"节肢",你从中可以看到动物学仍在原地踏步! 从仪态和肤色上来看,园蛛无疑是南方蜘蛛中长相最漂亮的。腹部饱满鼓胀,像一个大货舱,足有一个棒子那么大,黄黑银三色交织,为它系上了色彩斑斓的腰带,沿着它的肥腰,均匀分布着8条修长的腿,腿上有着隐隐的淡褐色圆环,看上去就像是8条强壮的辐条向四处发散。它喜欢以各种小猎物为美食,在蝗虫蹦跳、飞虫盘旋、蜻蜓舞蹈或是蝴蝶蹦跃的地方,只要能找到织网的"脚手架"。它就会安顿下来。

有时候为了取乐,它来往于溪水的两岸,穿梭于疾淌的流水之中。偶尔它也会把网织在长青的橡树丛中,或搭建到郁郁葱葱长满灌木的斜坡上,因为那里有它最爱吃的蚱蜢,但它并不愿意经常这样辛苦劳作。一张垂直的大网,便是它猎取食物的武器。网的结构根据场地的不同而有所变化。网的四周紧紧地挂在邻近的树枝上,仿佛无数个船锚一般,网稳稳地停泊在树与树之间。其他织网蜘蛛也用这种结构:以某一点为中心,丝以同等的间距向外散开。然后在这个框架上,蜘蛛继续吐丝,从中心到四周形成主丝干或横梁,最后织成了一张大而均匀的网。在垂直悬挂的网的下部,有一条宽宽的不透明的丝带。以中心为起点呈"之"字状,往下直至网的边缘。这条装饰花线是园蛛的招牌,表现了这位艺术家非凡的创造力。它织完"绣品"上的最后一根线时,仿佛告诉人家说:"这是某某蜘蛛所作。"因此,我们完全能肯定,在无数次来往奔走之后,在织完最后一道丝线时,它肯定是心满意足的:因为这意味着它可以好几天衣食无忧。但是,这种自负偶尔也会使它一无所获:因为过大的"之"字花饰非常影响网的坚固性。另外,有时候猎物的抵抗会非常剧烈,因此网的坚固性也常常面临这种严峻的考验。

　　园蛛并不主动选择猎物,而是端坐于网中央,尽量伸直8条长腿,感受网上任一方向的细小震动。它总是充满耐心,静静地等待幸运的降临。也有一些弱小的蜘蛛不能控制战局,虽然缠住了猎物,但在强壮猎物的强劲冲击下,很快就失去了控制权。特别是陷入蛛网的蝗虫,腿就像装了尖尖的马刺一样,一阵乱踢乱蹬,很可能挣破蜘蛛网,从而逃脱。但是蝗虫也不一定每次都能安然脱身。如果它一开始使出浑身解数的话,很可能就会命丧黄泉。

　　在捕猎过程中,园蛛有时会猛地翻过身来,迅速用背部的毒刺——(它的刺就像玫瑰花刺一样尖锐)刺穿猎物的胸腔。园蛛的吐丝器在后腿之间。它的后腿比其他腿要长,呈圆弧形分开。就这点来说,园蛛真该感谢上帝赐予它如此精巧的身体结构。这样,它吐出的丝不仅能四处延伸,而且不再是一根根的,而是一股股的,像彩虹一样浓密,最后把猎物牢牢裹在里面。在捕食过程中,蜘蛛会向猎物猛喷丝雾,同时,把猎物颠来倒去,绑得密不透风,直至猎物俯首就戮。

古时候的角斗士在对付猛兽时,总是左肩扛着一张叠好的绳网来到角斗场。当猛兽猛扑过来时,角斗士会像渔夫一样,迅速用右手掷出左肩上的绳网,把猛兽罩住,再拉紧绳网,最后象征性地一刺,表示他战胜了敌人。园蛛捕食时与角斗士斗兽时所采取的方法非常相似。它总是用自己喜欢的方式,这种性格使它的进攻套路总是不停翻新。一种办法不对路,马上使出第二招、第三招,直至吐尽最后一缕丝。当猎物束手就擒,垂头丧气地困在网中后,园蛛才会得意地停止进攻。只见它如一个得胜将军,缓步踱向囚犯。它还有一个杀手锏,那可是比海神的三叉戟还锐利的武器,即毒牙。它先用毒牙咬蝗虫,旋即松开,退到一旁,看着猎物在无比悲哀之中慢慢失去知觉。然后,它开始游戏:从不同的地方吮吸猎物体内的液体。最后,当蝗虫剩下一具干尸,激不起它的任何兴致以后,园蛛就把它丢出网外,重新爬回网中央埋伏起来。其实,园蛛所吮吸的不是尸体,而是一具仅仅处于麻木状态的昆虫活体。如果我把一只被蜘蛛咬过的蝗虫立即解救出来的话,这个家伙又会恢复生龙活虎的样子,好像从来没有受过伤害。因此,蜘蛛在吮吸猎物的汁液前并没有痛施杀手,它只让猎物处于昏迷之中,无法行动。也许这种人道的咬法更能刺激它吸取猎物汁液的欲望。也有可能,尸体的体液是停滞不动的,不适宜蜘蛛吮吸,蜘蛛们更容易从一具鲜活的身体中抽取体液。

也许死在它嘴里的牺牲品数量令人震惊,但嗜血的园蛛仍讲究斗士的艺术,尽量克制自己不用毒针,肥胖的灰蝗虫,体健力强的蚱蜢,即使是面对这些长相威猛的昆虫,蜘蛛也面无惧色,只要它们一昏迷,就会被蜘蛛吸干体液,成为僵尸。但是不小心撞入网中的巨形昆虫往往能撕破蛛网逃命,因此蜘蛛很少能够捕到这种昆虫。有时,我会故意捉一些昆虫放入蛛网,然后让蜘蛛完成余下的任务:毫不吝惜地吐丝,毒昏猎物,吸干猎物。园蛛使用毒针的次数越多,成功捕获大猎物的次数也越多。

我还见过比虎纹园蛛干得更漂亮的。这一回我研究的是纺丝园蛛,这种园蛛有着宽阔的、布满花纹的银色腹部。与其他蜘蛛一样,它结的网面积也很大,垂直悬挂着,也有一条"之"字形标志性丝带。在研究时,我把一只苦苦哀求的螳螂放到它的网中。螳螂进化得很好,能随着环境的变化而随意改变肤色,因此,总能逃脱攻击者的魔爪。无论是温顺的蝗虫,还是凶猛的魔王,蜘蛛都已经没有机会选择了。而这只螳螂只需举起它的"刀锯"就可以划破蜘蛛的肚皮。蜘蛛敢不敢接受挑战呢? 这回,蜘蛛并没有立即发起进攻,而是静静地端坐于网中央,默默地积蓄力量,以对付这个令人生畏的猎物。它将耐心地等到猎物的肢体被丝密密地缠住为止。终于,它发动进攻了。而同时,螳螂把肚子缩成一团,竖起双翼像高高扬起的船帆,并张开嘴露出锯齿般锋利的牙齿,总之,它用魔鬼般可怕的神态向它的敌人宣战了。然而蜘蛛并没有被螳螂凶神恶煞的样子吓倒。它一边倾尽全力向螳螂身上猛吐蛛丝,一边尽量张开背上的毒刺猛刺猎物,为了制服眼前的大敌,它几乎用尽了吃奶的劲儿。螳螂可怕的锯齿和杀伤力极强的长腿被蛛丝团团围住,立起的螳螂翼也消失在厚密的蛛丝里,但是它凶恶的姿态依旧。

就在人们认为螳螂大势已去时,这个已经被五花大绑的家伙突然猛地一扯,蜘蛛还没来得及抵抗,就从网上跌落下去。当然蜘蛛跌下网只是一个意外。一般情况下,蜘蛛会从吐丝器中立即吐出一根丝,像保险绳一样将身体吊在空中,从而安然脱离危险。当场面平静之后,它便会收紧保险绳,重返网中。挂在空中的蜘蛛须收紧大肚子和后腿。这会影响丝的供应,此时吐出的丝就会变得细软。所幸战事已经结束了,那头凶猛的猎物已经被蛛丝层层捆扎,看不到了。蜘蛛也不用再咬上一口就鸣锣收复兵了。

为了捕获这只可怕的猎物，蜘蛛吐尽了它的库存，这些蛛丝加起来足够搭建许多蛛网了。但是蜘蛛并不会因为潜在的危险而束缚自己的行为。过分的谨慎是没必要的。在网中央短暂休息之后，为了填饱肚子，它又将捕杀下一个目标。猎物到手后，蜘蛛会在猎物身上割开多处浅口子，然后从每道割缝处吮吸猎物的体液。

因为食物实在太丰盛了，蜘蛛就餐的时间每次都拖得很长。有一次，我观察一只贪吃的蜘蛛就餐，竟然前后花掉10个小时。这只蜘蛛不断地变换吮吸点，以确保每一个吮吸点的体液都被吸干。最后夜幕降临，我才不得不停止观看它这种恣意妄为的就餐行为。第二天早晨，我发现螳螂的干尸横在地上，蚂蚁们正在急切地舐食蜘蛛的残羹剩饭。

园蛛与众不同的不仅是它的捕食艺术，还有它在建巢过程中表现出的良好的工业化特点。园蛛吐出的丝包，也就是它用来贮藏蜘蛛卵的小巢，比鸟巢更令人惊奇。丝包的形状像一个倒置的热气球，大小和鸽子卵差不多，由下至上逐渐变细，没有顶部，就像一个被削掉的梨子，周围还装饰有扇形的花边。小巢紧附在嫩枝上，所以被拉长了许多，像一颗优美的鹅卵石，静静地悬在枝丫上、角落里。小巢顶部是空的，像一个火山口，平时有丝盖封闭。其他部分也有厚实的丝层包裹，一般很难撕破，也不容易受潮。丝罩是黑色的，呈纺锤形，漂亮的波浪经纬为小巢增色不少。这层丝的作用也是显而易见的，它像防水层一样，露水和雨丝都无法穿透。为了免遭一年中恶劣天气的侵袭，小巢建在草堆或贴近地面的封闭位置上。如果我们用剪刀剪开顶部的丝盖，就会发现外层之中还有一层厚厚的丝，呈淡红棕色。这些丝并不是蜘蛛编织的，而是从口中吐出的。这层填料毛茸茸的，密不通风，就像是一床无与伦比的棉被。它是那么柔软舒适，即使是再软的天鹅绒也难以相比。它是一层屏障，防止巢内热气散出。

小巢如此安适，究竟是献给何方神圣呢？让我们再来看一看:在这层柔软的棉被中央挂着一只圆柱形的袋子,底部是圆的,顶部却是四方形,用盖子封了起来。袋子用优质的丝缎编织而成,园蛛的宝贝卵就装在里面。这些卵漂亮得像橙色的小珠子,粘在一堆,体积有豌豆那样大。这就是蜘蛛严加保护,使之不受严寒侵扰的宝贝了。

通过以上介绍,大家一定对小巢的构造有所了解,下面再探究一下蜘蛛是如何建成这个温暖舒适的小屋的。观察蜘蛛如何建造小巢并非易事,因为虎纹园蛛是一个不折不扣的"夜猫子"。它在静谧的夜晚工作,因为只有这样它才有清醒的头脑,去遵循建巢的种种复杂规则,而按照这种工业化的规则,才不会出现疏漏。偶尔,在凌晨时分我也会碰巧撞见它在忙碌工作,这使我可以对我的观察进行总结。大约到了8月中旬,我就开始忙于研究蜘蛛的钟状小巢了。首先蜘蛛会在圆屋顶的角落里拉起一些丝线,搭起棚架。而丝棚的悬挂点多为嫩枝、草茎。在这些摇晃不定的地方,蜘蛛无须抬眼,只是俯下身来专注于工作。由于它的吐丝器运转正常,所以建巢工作一切顺利。只见蜘蛛缓慢、有条不紊地工作着,腹尖四处摇摆,一会儿是左右摇,一会儿又是上下摇。但园蛛决不是胡乱吐丝,它总是在某处集中喷吐,直至形成一个边缘高、中间低的丝包。这个丝包须有一厘米左右的深度才能满足要求。丝包小巧玲珑,十分精致可爱。然后蜘蛛会用绳索把丝包系在离自己最近的丝线上,并尽量把它张开,特别是开口处。做完以上工作后,蜘蛛会稍事休息。紧接着,它在丝包上一个接一个地下卵,直至填满丝包。丝包似乎是经过专门设计的,既装下了所有的卵,又没浪费一点空间。

蜘蛛下完卵后,稍事休息,我趁机迅速地打量了一下那堆橙色的蜘蛛卵。但是不容我细看,蜘蛛又开始工作了。下一步工作便是密封丝包。这一回它的工作方式有所不同。腹尖不用四处摇摆,而是沉下去接触一个点,退回来,再沉下去接触另一个点,这里一下,那里一下,接触的点呈相互关联的锯齿状分布。同时,

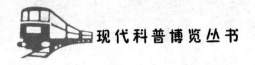

边移动后腿边向外吐丝。这样一来,丝线均匀分布,形成了一张毛毡或是毛毯。像羽绒一样的丝毯包着装满蜘蛛卵的丝包,有很好的防寒作用。而那些幼虫将在这个柔软的丝毯里待上一段时间,为它们最终离去积蓄力量。

当然这些小家伙需要等待的时间并不长。完成上述工作后,纺织器突然改变了筑巢的原料;原来它用的是白丝,现在用的却是淡红棕色的丝。这种丝比其他蛛丝更细,因为在吐丝时,蜘蛛用它的后腿灵巧地把这种丝搅蛋似的打成了泡沫状。不一会儿,装满蛛卵的丝袋就被这种精美的填料掩盖住了。此时热气球状的外部形状也已经大体成形,小巢的顶部也逐渐变细,像细长的颈部。蜘蛛上下移动,把小巢缝在嫩树枝上,缝完一边再缝另一边,最后的形状优美而精确,就像在它肚子里藏了一只圆规一样。然而,令人惊异的是,蜘蛛突然又换了原料,白色蛛丝重新出现。此时,白色蛛丝被用来编织丝包外层。因为要有一定的厚度和密度,因此这项工作成了整个工程耗时最长的工作。起初,蜘蛛会四处猛吐丝线,保证在层数上满足要求。园蛛特别关心细长颈部边缘部分的结构,它把这部分设计为锯齿状,并用丝线把它挂起来,形成小巢的主要基础部分。完成这部分的建造以后,蜘蛛就不再碰此处了,除非实在是有加固的必要。在悬挂时,这部分会形成一个如火山口似的缺口,所以需要封闭。蜘蛛会像封存卵袋一样,用一只塞子把缺口封闭起来。当上面所述的准备工作就绪以后,小巢的外部装饰才真正开始。

蜘蛛此时会前前后后忙得团团转,但不会再碰已经完成的编织成果,而是有节奏地吐丝,再把吐出的丝细致地"绣"在小巢外部,用作装饰。在此期间,蜘蛛的腹部一直会有条不紊地摆来摆去。蜘蛛用这种办法,将蛛丝梳理成均匀的锯齿形,几何形状之精确绝不亚于我们人类用机器生产出来的棉线。外部装饰工作是一个枯燥又辛苦的工作,需要蜘蛛不断地重复那几个单调的动作。隔一会儿又要向上挪几步,换一个工作地点。最后蜘蛛来到热气球状小巢的开口处。它把腹部抬起，开始动手给小巢镶边。这也是最关键、最基础的工作。因为接触面太大，有时丝线会卡在星状饰边里，在其他地方，仅仅动动后腿就可以解决问题了。而这时我们不能像在其他地方一样，帮它把丝解开，因为这很容易使巢的边缘断裂。蜘蛛结网的工作是用白丝来完成的，而建筑小巢的最后工作却是用棕色丝完成的。最后它第三次变换原料：采用褐色丝来做原料。它从小巢上端到下端纵向吐丝，造就了一条变幻多彩的丝带。

完成这个工作后，建巢工作才大功告成。蜘蛛会慢慢地踱着方步而去，甚至连看都不看它所建造的丝包一眼。因为余下的事已经不再让它感兴趣了，时光与阳光会替它照看孩子。它已感到日子不多了，时光匆匆从网洞里穿过。就在身旁，那一排整齐的小草里，它为孩子们建造了一座神圣的小屋，而它也将要离它们而去。因为为了建屋它吐尽了最后一缕丝，现在即使回到网上也没有什么用了，它已经无力继续捕捉猎物了。而且，前些天的好胃口已经一去不返。这些天来，它拼命想延续自己的生命，但是一切都无济于事，它的生命已枯萎，行动已迟缓，最终不得不离开这个世界。

以上便是发生在我的实验笼中的感人故事，这就是蜘蛛们必须承受的宿命。纺丝园蛛在建造巨型捕猎网方面胜过虎纹园蛛，但在建网的艺术潜质上却不如虎纹园蛛。它的巢看上去像一个愚蠢的圆锥形，非常丑陋。巢的开口处非常宽大，被扇边装饰成了叶状，而整个巢就依靠这个开口被悬挂起来。开口处由一个巨大的盖子封闭起来。这个盖子一半是丝、一半是绒。其他部分便是结实的白色丝织物，表面通常覆盖有不规则的褐色纹理。

两种园蛛在建巢上的差别只是表面的，一种是愚笨的圆锥形，另一种是优美的热气球形。不同外形下所掩盖的内部结构则是完全相同的：从外到内，首先是一床毛茸茸的丝被，然后是一个装卵的小丝桶。虽然两种蜘蛛都是根据自己独有的建造规则来工作的,但是它们都同样把外层当作御寒保护衣。众所周知,园蛛的卵袋,尤其是虎纹园蛛的卵袋,是一项重大而又复杂的工程。在制作过程中,要用到各种不同的原料:白丝、红丝、褐丝。此外,这些原料——丝的用途各自不相同,如用来织成结实的外衣、柔软的包、小巧玲珑的丝缎和多孔的丝毡。所有的这些丝织品都是在同一个车间里制作的,在那里,蜘蛛要编织捕猎网、弯曲锯齿形缎带、罩住猎物的丝网。这是一个多么神奇的造丝工厂!更令人钦佩的是,这个工厂的装备竟是如此简单:后腿和吐丝器。这两样东西充当了如此众多的角色:制绳工、纺纱工、编织工和缩绒工。

蜘蛛到底是如何管理如此复杂的系统呢?不同颜色以及不同类别的丝束又是如何获得的?它是怎样把丝束释放出来的?为什么开始采用一种方式,后来又采用另一种方式呢?

我虽然知道以上问题的答案,但还是不明白蜘蛛体内的吐丝器是怎样运作的。

当有麻烦事出现,打破夜间工作的宁静时,蜘蛛有时也会犯迷糊。一般来讲,我并不是这些麻烦的制造者,因为我从不在那段非正常工作时间出现。这些麻烦通常是实验笼中出现的一些情况。在自然环境中,园蛛一般是各自独居的,彼此相隔很远。每一只园蛛都有自己专用的捕猎网,这样避免因过于接近而造成彼此间不应有的恶性竞争。但是在我的实验笼中,由于场地设施的限制,通常有多只蜘蛛同居。我的这些小猎物生性很宽容,在笼子里相处融洽,没有任何冲突。它们对邻居的财产从来不会虎视眈眈。它们各自织造捕猎网,并且很自觉地保持最大的间距。织好网的蜘蛛静静地埋伏,神情专注,对其他蜘蛛的一切漠不关心,只等送上门来的蝗虫。然而当关键时刻到来时,潜在的问题发生了。这些营地虽然各自封闭,但在令人迷惑的丝网空间里,那些用来悬挂捕猎网的丝绳错综复杂,只要有一根动一下,就会影响到其他丝绳的稳定。这就足以分散蜘蛛捕食的注意力了,在这种情形下它就有可能做傻事。

　　以下便是两个例子。有一天早晨，当我起来观察实验笼的时候，发现了一个已于昨晚完工的丝袋挂在棚上。在结构上，它非常完美，丝袋的表面还装饰了规则的黑色经线，但是这个精致丝袋的主人——蛛卵却不见了，而其他的任何东西都没丢失。蛛卵到哪去了？我打开丝袋，仔细检查也没有发现踪影。再往下一看。才发现它们在实验笼铺的细沙上，没有任何保护。当时我十分纳闷，难道是蜘蛛妈妈不小心让蛛卵从丝袋开口处掉下来了？或蜘蛛妈妈一时心血来潮，从网上爬下来游玩，受卵巢压迫，在沙地上产下了蛛卵？不管怎样，如果蜘蛛脑子有一丝警觉的话，也应该意识到灾难的发生，马上会停下那精心建造的已经无用的"豪宅"。但它没有丝毫察觉的迹象。丝袋精致、完美，和平常的丝袋相差无几。

　　这种不明智的固执在某些蜜蜂身上也有。当我拿走蜜蜂的卵和它的食物时，蜜蜂仍会重复它的固执举动，不受我的影响。小可怜虫在没有卵的情况下仍极为小心地把洞口封住，就好像一切都没有发生。同样，园蛛也封住了空无一物的丝袋。而另一方面，在织巢时，园蛛只要感觉到任何微小的震动，就会舍弃即将完成的红褐色填充层，逃到屋顶停下来，再用它原本准备用来编织外部装饰的丝重新织网。多么可怜的小傻瓜！你用天鹅绒铺成小巢的保护层，却如此粗心地保护蜘蛛卵，难怪你现在只能做这种毫无意义的工作。这样又让我想起干泥蜂，在蜂巢被破坏后，它会用泥巴涂抹原来住过的地方。

　　当然你们也许会问我，是什么原因使蜘蛛身兼高超的技艺和愚蠢的心智？现在让我们来比较一下虎纹园蛛和攀雀在筑巢方面的异同吧。在筑巢上，攀雀是最具艺术感觉的聪明的小鸟。这种鸟经常出没于罗讷河下游的柳树林中。鸟巢在河畔的微风中轻轻地摇摆，就连河水平静的回水也会让它微微颤动。仿佛远离喧嚣的尘世，处在世外桃源之中。它一般悬挂在罗讷河两岸的大树上,藏身于高大的白杨、古老的柳树或笔直的桦树枝端。鸟巢仅是一个棉袋,四周封闭,有一边留了一个小口,大小仅能容鸟妈妈通过。鸟巢的形状与化学家们常用来做实验的细颈蒸馏器类似,或者更形象一点,更像两边绞合在一起的长袜底部,在一边留下了一个圆形的出入口。鸟巢表面装饰得十分可爱,让人爱不释手:你能在鸟巢表面发现好像粗大的缝衣针缝过的痕迹。这就是普罗文卡尔地方的农民按其形状,称此鸟为"长袜编织工"的原因。在人家的窗户上。在白杨树枝端,我们都能发现鸟儿用来筑巢的尚未完全成熟的种子。5月,适时而下的春雪把这些种子打落到地上,然后气旋又把它们吹到地表裂缝里,堆积到一块儿。做鸟窝的棉料与工厂造棉用的料有一点相似,但是更像是被一根根短订书钉钉在一起的。这些原料来自一个取之不竭的仓库,首先树的数量无比丰富,再者当风拂过柳枝,厚密的柳条会毫不客气地把风中的种子留下来。

采集筑巢用的种子对于鸟儿来说简直轻而易举。难的是如何开始筑巢。那么鸟儿是怎样编织"长袜"的呢?它惟一的工具就是嘴巴和爪子,这么简单的工具,就能完成连我们人手都难以完成的工作吗?仔细查看一下鸟巢,我们就可以找到答案。用普通的棉料筑巢,自然不能承载幼崽,也经不起风吹雨打。那些缠绕、堆集在一起的棉絮,看上去与一床裁剪良好的普通被褥没有区别,如果仅仅是把它们堆在一起,不想什么办法让它们变得密实、集中,它们就会被晨风吹散。鸟巢里的棉絮像油帆布一样编织紧密。风干后的叶柄与纤维非常相似,并且在接触空气和雾气后,叶柄变软,成为攀雀编织巢穴的最佳原料。在清除掉木屑以及检查完原料的柔韧性与坚固程度之后,鸟儿就会在它早已选定的树上筑巢。先用原料在树枝末端绕圈子,这个工作并不要求有很高的精确度。鸟儿在绕圈时很笨拙而且很随意,有些圈绕得松松垮垮,有些却缠得紧凑。但是有一点却是至关重要的,圈子必须坚固。缠在树枝上的叶柄是整个鸟巢的基础,因此它必须有足够的长度,这样才能确保鸟巢的稳固。在缠够了足够的圈数之后,叶柄会紧紧地缠住枝叶末端,让鸟巢安稳地挂在树梢上。

接下来鸟儿就得对它的小屋进行内部装修了。用的材料可讲究了,不仅种类更多,而且要求用更为细小的纤维进行编织。细纤维柔软,易于缠绕,我们形象地称这种缠绕为编织。即使不看鸟儿怎么筑窝,我们也能从鸟巢的外观上判断出:油帆布,也就是鸟巢的棉墙,就是由这些原料构成的。在编织鸟巢内部时,鸟儿的工作与刚开始时有很大的差别,是分步骤、有目的地进行的,鸟儿必须把周围的空间都用棉絮填满。这些毛茸茸的填料都是靠鸟儿的爪子一点一点从地面采集来的。鸟儿把填料采集到窝中后,用尖嘴把它们推到合适的位置,然后用厚实的胸脯把它们里里外外地压实。这层毛茸茸的填料大概有几英寸厚,摸上去有柔软的感觉。在鸟巢顶部,鸟儿在一边挖掘了一个狭窄的、从底部向顶部逐渐变尖形成细颈形的小孔,这就是攀雀的厨房门。门很小,即使是身材小巧的主人要从这扇门进去,也不得不尽量缩小身子。最终鸟儿的小巢被那些优质的毛茸茸的填料布置得温暖而舒适。小巢的主人通常是有6到8个樱桃大小的鸟卵。与于虎纹园蛛的小屋相比,鸟巢虽然也漂亮,但是却显得有点粗糙。首先从形状上来比较,攀雀长袜足部形状的小巢根本不能与虎纹园蛛优雅、完美的热气球形的家相提并论。另外,从建造材料上来看,鸟巢仅仅是一些棉和粗麻屑的混合物,根本不可能与蜘蛛所用的丝缎相媲美。另外,鸟巢仅仅是用一些粗糙的绳子似的纤维吊在树梢上,而虎纹园蛛所用的悬挂绳则是精致的丝绳。攀雀的包袋与园蛛那赤褐色的薄纱丝包相比也相形见绌。就工作而言,在许多方面蜘蛛的确胜过鸟儿。

但是,站在攀雀这边来说,它是一位更称职的母亲。它会接连几个星期一动不动地(除了觅食)把鸟卵拥在温暖的怀中。那些卵石般的鸟卵享受着温暖的母爱的庇护,几个星期后小鸟就叽叽喳喳地破壳而出了。然而园蛛却一点儿都不具备这种母性的

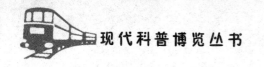

柔情。在织好卵袋之后,它就狠心地离去,再也不会看它的宝宝一眼,也不管它们是死是活,是否幸福。

狼　蛛

园蛛辛辛苦苦为它的卵营造了一个精美的住宅之后,就对它的家人冷淡了许多,不那么放在心上了。这是为什么呢?因为它时日不多了。第一股寒潮一来,它就得死去,而它的卵却要在毛茸茸的温暖小窝里度过一冬。不过,若是卵能在园蛛活着的时候孵化,我想它所表现的母爱一定不会比鸟类逊色。

我这个结论得自蟹蛛。蟹蛛是一种厉害的蜘蛛。像螃蟹一样横行,不结网捕猎,而是伏击猎物。我另外讲述过蟹蛛和家蜂的遭遇战,蟹蛛咬住家蜂的脖子,一吻致命。小小蟹蛛擅长一剑封喉,同样也精通筑巢之术。我在院子里的女贞树上找到了蟹蛛的家。这个喜欢奢华的家伙就在一朵花的花心编了一只白色缎质的小袋,模样像个极小的顶针。那便是盛卵的容器。

容器口上封了一个毡料的圆形扁平盖。在卵卵顶上,由几根长丝和枯死的花瓣搭起了一个顶篷。这是留给看护者的观景楼和指挥塔。这哨塔开了一个畅通的口子,让它可以随时出入。蟹蛛就在这儿日夜看守。产完卵以后,它瘦了很多,大肚子都快不见了。一有动静,它便冲出去,朝过往的生客挥舞拳脚,警告它非请莫入。赶跑了侵略者以后,它又马上退回哨塔。

它待在这枯花缠绕的屋檐下,究竟要干什么?它夜以继日地摊开可怜的身躯,伏在它的宝贝卵蛋上。它顾不上吃喝,也不伏击猎物,再也没有吸干了血的蜜蜂。蜘蛛摆出一副孵卵的架势,一动不动地坐在自己的卵上。严格来说,"孵卵"这个词就是这个意思。抱窝的母鸡不会比它更勤奋,可是母鸡同时还是一个热力装置,用温和的体温将胚胎孵化成熟;至于蜘蛛,有太阳的热力就足够了。因此我才不说蜘蛛"抱窝"。一连两三周里，蜘蛛就保持着这个姿势，毫不放松。因为禁食，它一天比一天皲缩。

接着卵孵化了。幼蛛拉起几根蛛丝在树枝间摆来摆去。这些小小的耍绳艺人要在阳光下练习几天，然后便各奔东西，去追寻自己的前程。

现在我们再来看看巢穴的哨塔吧。蛛妈妈还在那儿，但此时已无声无息。这满腔爱心的慈母体会了看着儿女出世的快乐，它帮助弱小的幼蛛钻出了大门，职责已尽，它便静静地断了气。母鸡哪及它自持克己啊！

其他种类的蜘蛛做得比它还要出色，例如狼蛛，或称黑腹舞蛛便是如此。我在前面的章节里描述过它的高超技艺。读者一定还记得它的洞穴吧，那是在薰衣草和百里香喜爱的砾石土里掘出的一个瓶颈般细长的坑。坑道口上围着一圈用丝连结成的碎石木片墙。除此之外，它的住宅周围别无他物：没有蛛网，也没有各种陷阱。狼蛛就守在这一英寸高的堡垒里，伏击过往的蝗虫。它只要一跃而起，追上猎物，一口咬住猎物的脖子，就能令其迅速瘫软下来。捉到的猎物要么当场吃掉，要么拖到洞穴里吃掉，它倒不厌恶那虫子粗硬的外壳。这位强壮的女猎手不是园蛛那一类吸血狂，它需要固体食物，需要那种能嚼得嘎嘣作响的食物。它就像条啃骨头的狗。你要是往洞里插入一根细草秆，搅一搅，那"隐士"对上面的动静深为不安，因此就会急匆匆地爬上来，蹲在洞口不远处，摆出恐吓的姿势。你可以看到它的8只眼睛闪闪发光，像黑暗中的钻石；你可以看到它那厉害的螯角张得大大的，准备一口咬去。谁若是没有看惯这种从地里冒出来的吓人场面，准会浑身哆嗦。噗！我们就让这畜生自个儿待着吧。运气好的话，瞎猫也能逮到死耗子呢。

刚到8月，孩子们就把我叫到院子的另一头，他们在一丛迷迭香下见到一个宝贝，高兴得要命。那是一只非常漂亮的狼蛛，挺着巨大的肚子，这表明它即将临产。这只肥硕的蜘蛛正庄严地吞

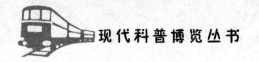

咽着什么东西。什么东西呢？是一只比它稍小一点儿的狼蛛的尸体，是它的丈夫。这场婚礼终场的悲剧已临近尾声。小爱人正在吃掉自己的情郎呢。这场结婚典礼的恐怖场面一上演，待那倒霉蛋全部给嚼碎咽下后，我就把它可恨的太太关进笼子里。笼子底下是一只盛满沙子的陶盘。

10天后的一个清晨，我发现它准备分娩了，它首先在地上织了一张蛛丝网。约有一只手掌那么大。蛛丝网很粗糙，也不成形，却相当稳固。蜘蛛打算在这块地板上大兴土木。这个地基同时也是一个防沙装置，狼蛛在上面做出一个圆垫，上等的白丝质地，大小相当于一枚两法郎钱币。蜘蛛的腹尖上下穿梭，每次落到地基上的位置都比前一次稍往外一点，直到最后受工具所限无法再伸展。它的动作轻柔、整齐，就像是有一个精巧的齿轮装置在操纵似的。接着，蜘蛛姿势不变，朝相反的方向又做起了摆式运动。它就这么不停地摆来摆去，牵起成千上万根丝线，一张质地非常紧密的扇形丝片出现在眼前。织完了这一片后，蜘蛛沿一条弧线稍稍移开几步，又以同样的手法织起了另一块形丝扇片？此时这块圆形丝垫几乎成了一个凹面的浅口盘，吐丝器不再往盘中央吐丝，只有盘边在不断增厚。这样一来，圆盘渐渐变成了一只小汤盆，盆沿宽阔、扁平。

产卵的时候到了。只见一道飞流泻下，盆中高高堆起了一团由黏糊糊的淡黄色卵结成的球体。吐丝器再度开工。这一次的动作幅度要小多了，蜘蛛的腹尖上下穿梭，织出圆垫来罩住敞露在外的卵球，现在我们看到的是一只卡在圆形毯中的小丸。现在，蜘蛛一直闲着的腿脚派上了用场。那块圆垫本来是用丝固定在粗制的支撑网面上的，蜘蛛七手八脚地将这些丝线一根根拔起扯断。与此同时，它用螯角钳住这块垫子，一点一点地从底座上撕下来，翻折过去、覆在卵球上。这活儿可真不轻松。整幢大厦晃动了起来，丝网地基塌陷下去，落到沙子里。蜘蛛用腿一扫，就将那些脏兮兮的破丝网扔到一边。简单地说，狼蛛是用螯角当钳子猛拽，用腿脚当扫帚细扫，将一切黏附在卵袋上的东西清理干净的。

卵袋显出了清晰的轮廓。这是一个白色的丝质小丸，摸上去软软的、黏黏的，大小相当于一颗普通的樱桃。如果你的视线沿着丸体中线位置水平移动的话，你会发现一条褶缝，这道褶缝能托起一根针而不致被针刺破袋子。不仔细看的话，还真看不出卵袋上有道格。原来它就是那块圆垫的边，翻折下去盖住了卵球的下半部分。卵球的上半部分是幼蛛出世的地方，远不及下半部分防护严密。它只有一层外套，卵一产出，蜘蛛就在卵上织出了这层丝罩。卵袋里面只装着卵，既无小垫，又无松软的绒毛，这一点与园蛛大不一样。

说真的，狼蛛倒是不用为保护卵度过严冬而大费心思，因为天气还未变凉，卵就孵化出来了。同样，蟹蛛的孵化期也很早，所以它筑巢时也是锱铢必较：它为卵设的防护层只是一只简单的缎质小袋。这项先编织后拆除的工作持续了整整一个早上，从5点一直干到9点，干完后，精疲力竭的蛛妈妈抱住它的宝贝丸子再也不动了。今天就到此为止了。第二天早上，我发现蜘蛛已经把卵袋挂在身后。从这以后一直到卵孵化时，它都不会放下这宝贝包袱。它用一根柔韧的短带将卵袋系在吐丝器上，一路拖着，任它拍打着地面。带着这个不停地撞着后腿的包袱，它还是该干什么就干什么：照样行路、休息、追击猎物、捕杀野味、大快朵颐。若是卵袋意外脱落了，它也会很快拾起。吐丝器随便朝卵袋上一碰，马上又粘上了。

狼蛛非常恋家。它不太喜欢出门，除非有猎物从它洞口附近经过，它才会出洞去捕捉。然而，在8月末，我们却常常看见它拖着卵袋在外闲逛。它那副犹犹豫豫的模样让人觉得它像是在找自己的家，好像是迷路了。

它为什么要出门游荡？有两个原因：一是交配，二是制作卵丸。洞穴空间狭小，只够蜘蛛面壁静思。而制作卵袋需要一块手掌大小的平面,一个做地基的网面,这是笼中的囚徒告诉我们的。狼蛛的洞穴里可没有这么大的一块地方,所以它必须走出家门,到露天去制作它的卵袋,当然是在夜深人静的时候,同样,它也得出门去约会雄蛛。这只雄蛛随时有被生吃的危险,它敢一头钻进"太太"的洞里,钻进一个无法逃生的窝里去吗?这很令人怀疑。为谨慎起见,还是在外面行事为好。若在外面,当凶恶的"新娘"发起攻击时,那冒失的小情郎至少还有抽身的机会。在露天会面虽然减少了危险,但却不能完全排除险情。我们发现的那只在地面上吞吃爱侣的狼蛛,就可以证明这点。院子里的那处土地刚翻过土,准备播种,并不适合蜘蛛居住。蜘蛛的洞穴一定还在别处,而这一对情侣会面的地方正是悲剧上演的地方。尽管雄蛛面前的路畅通无阻,它的动作却不够快,所以还是给吃掉了。

吃完这一顿蛛肉大宴后,狼蛛会不会回家去呢?也许暂时不会。而且,就算回了家,它也还得再出一趟门,去找一块足够大的平面制作它的卵丸,干完这活儿后,有些蜘蛛也会去松松筋骨,想在离群隐居之前游山玩水一番。所以,我们才会有时碰见那些拖着卵袋四处游荡的蜘蛛。不管怎样,这些观光客迟早是要回家的。不用等到9月,拿根草随便往哪个洞穴里掏掏,都会引得蜘蛛妈妈爬上来,卵袋就挂在它身后。我想要多少就能弄到多少。

我拿这些蜘蛛做了一些非常有趣的实验。狼蛛将它的珍宝拖在身后,无论是白天还是黑夜,是睡是醒,一刻也不离身,它护宝的那股气势让旁观者望而生畏——这场面值得一看。如果我要夺走它的卵袋。它会将卵袋紧紧抱在胸前,用毒螯夹住我的钳子不放,整个身子都吊在钳子上。我能听到尖齿咬得钢铁嘎嘎作响。真的,若不是我手中握着工具,它决不会让我抢走它的卵袋还丝毫未损。我用钳子又拨又拽,夺走了狼蛛的卵袋,它勃然大怒。我将另一只狼蛛的小丸抛给它,作为交换。它马上用螯角接住,几只脚捉着挂到吐丝器上。自己的也好,别人的也好,对于这只蜘蛛来说是一回事,此刻它就携着这颗外来的卵丸趾高气扬地踱步走了。

　　因为互换的两颗卵丸非常相似，所以出现这种结果也没什么好奇怪的。另选一个实验对象再做个实验，就能看出它们会犯多么严重的错误。我用纺丝蜘蛛的卵袋换下了狼蛛的卵袋。两者的色彩一样，质地也一样柔软，但形状大不相同。我偷走的东西是球体，而换上的东西却是椭圆锥体，其底部边缘上棱角分明。那蜘蛛压根就没看出有什么不对的地方，它迅速将那只古怪的卵袋粘在自己的吐丝器上，乐得就像抱回了自己真正的卵丸一样。我在实验中使出的这种恶招并没引来什么后果，只是让它充当了一时的假货而已。狼蛛的孵卵期早，园蛛的孵卵期迟，所以孵卵期一到，上了当的狼蛛便会扔掉那只怪模怪样的卵袋，不再理会它。

　　这些提着袋子到处跑的家伙究竟有多傻，让我们再看清楚一些吧。我抢走狼蛛的卵袋后，丢给它一个软木球，这软木球用挫子稍稍打磨了一下，大小与抢下的卵丸相同，但完全是两种不同的材质，它却毫不迟疑地收下了。人们也许会以为它有8只像宝石一样闪烁的眼睛会看出其中有诈，但那蠢家伙却毫无觉察。它疼爱地抱住软木球，含情脉脉地抚慰一番，然后悬在自己的吐丝器上，从此带着它就像带着自己的卵袋一样。

　　我们再让另一只蜘蛛在仿制品和真品之间做一次选择吧。将蜘蛛自己的卵丸和软木球一起放入瓶底。蜘蛛能不能认出自己的宝贝卵丸呢？那傻瓜没有这个能力。它猛扑上去，这一回抓住了自己的卵丸，下一回抓的是我仿造的东西，纯粹碰运气。先逮着谁就是谁，就把谁挂上身。如果我把真正的卵丸放进四五个软木球里，狼蛛很少能找出自己的宝贝。没有一次见它费心鉴别、挑选过，它随随便便地抓住一个就往身上粘，也不管是好是坏。仿造的软木球越多，蜘蛛抓到软木球的次数就越多。

　　它的这种愚钝倒是把我难住了。那虫子是被软木柔软的触感给欺骗了吗？我拿走软木球，把棉花团和纸团用几根线捆成了

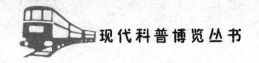

球形,扔给它,这两样东西也都被它们当成真卵袋而欣然收下了。

是不是色彩让它们产生了错觉呢?软木球的浅色调颇似裹上少许泥土的丝球颜色,而纸团和棉花团的白色调又是卵丸的本色。我用一只纯红色的丝线团换下了狼蛛的卵袋,这种纯红是所有颜色中最鲜艳的色彩。结果,这颗不同寻常的卵丸也跟其他卵丸一样被欣然接受、严加看护了。我们不用再去打扰这些拖着卵袋的家伙了,有关它们智力贫乏的情况,我们想知道的都知道了。

我们还是等着孵化期的到来吧。孵化期一般是在9月的头两周。幼蛛们纷纷钻出卵丸,数目达几百个之多,它们爬到母蛛背上,挤作一团,腿压着腿,肚子顶着肚子,活像哪种树的粗皮。卵全孵化后,卵袋就从吐丝器上脱落下来,像垃圾似的被扔掉了。小家伙们都很乖,谁也不乱动一下,谁也不去挤占邻居的空间。它们在那儿干吗呢,这么悄无声息的?

它们任凭母蛛驮着它们走来走去,就像负鼠的幼仔似的。不到春暖花开之时,不管是坐在洞底面壁静思,还是好天气里爬上洞口沐浴阳光,狼蛛都决不会脱下这件由幼蛛堆成的大氅。在冬季,一月或二月间,雨雪冰霜冲击着蜘蛛的住处,通常会将洞口的围墙打坏,在这个时候,我若是在野地碰巧路过它的家,总能发现它就待在家里,依然生气勃勃,依然儿女满背。这辆育儿车至少要运行五六个月,当中一刻也不能闲着。美国的负鼠以背负幼仔而出名,它也只驮几个星期就把幼仔打发出去,与狼蛛比起来真是相形见绌。

那些蹲在妈妈背上的小家伙吃什么呢?据我所知,什么也不吃。我看它们根本就不长个头。我发现它们的大小在漫长的居家期同当初离开卵袋时相差无几。在天气恶劣的季节里,母蛛自个儿也极为节俭,待在我瓶子里的蜘蛛要隔上很长一段时间才收下一只放了很久的蝗虫。这只蝗虫是我特意为它在阳光比较充沛的角落里捉到的。

冬天我在野外挖出的狼蛛身体状况良好,所以为了保持这种良好的状态,它就必须不时地开斋,出门寻找猎物,当然出门时也不能丢下它那条活生生的"披肩"。出门游荡是有危险的,小家伙们也许会被草叶扫下去。它们要是掉下去该怎么办呢?蛛妈妈会担心它们的安危吗?它会伸出援助之手,帮它们重返旧位吗?

绝对不会。一只母蛛的慈爱之心要分给几百只幼蛛,每只幼蛛就只能分得一点碎屑。掉下去的幼蛛是一只也好,6只也好,全部也好,狼蛛都不怎么在意。它无动于衷地任凭出事的孩子自己解决麻烦,而那些孩子的确办到了,而且还办得非常机灵。我用画笔把我养的一只蜘蛛背上的儿女全部扫落下来。这个身子被剥光的家伙不动声色,也没有任何寻子的打算。而被赶下来的幼蛛这里一堆,那儿一堆,在沙子上奔忙了一小会儿后,便找到了妈妈的这条腿或那条腿,妈妈的腿都趴得开开的,形成一个圆。它们就利用这些"爬杆"纷纷爬到上面,马上又恢复了背上的生活,一个也没落下。狼蛛的儿女精通杂技艺术,妈妈用不着为它们的跌落伤脑筋。我又用笔一扫,将一只蜘蛛的儿女扫落到另一只儿女满背的蜘蛛身旁。被扫落在地的小家伙机敏地顺着新妈妈的腿爬到了它的背上,而这位新妈妈和和气气地任它们穿梭往来,就像对自己的孩子一样。母蛛的背部是它们正宗的栖息所,但这儿已被亲生儿女占据了,没有它们的位置。于是这些外来客便在前面安营扎寨,把母蛛的胸部裹得严严实实,这样一来,母蛛就成了一只面目可怖的针垫,再也找不出丝毫蜘蛛的影子。然而,对于这外来的一家子,受苦受难的母蛛倒没表示半点不满:它心平气和地照单全收,载着所有的小家伙来来去去。从幼蛛这方面来讲,它们没有能力去辨别谁可以搭载,谁非请莫入。它们身为闻名遐迩的杂技家,先碰到谁就爬到谁背上,也不管是不是同类,只要尺寸相当就行。我把它们放到一只身上饰有浅橙底色白十字花纹的大园蛛旁。这些刚刚被赶下狼蛛妈妈背部的小东西毫不迟疑地爬到那生客的身上。园蛛受不了这份亲密劲儿,抖动着爬满了幼蛛的腿脚,将外来者扫开。然而它们又顽强地重新发起了

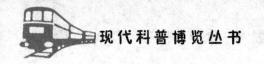
冲锋,这一回战绩不错,有一些幼蛛成功地登了顶。园蛛对这包袱带来的刺痒一点儿也不习惯,只好往地上一仰,在地上转起了圈子,同驴子除痒的做法一样。一些幼蛛折了腿,一些幼蛛甚至给碾成了泥。剩下的却并没有就此止步,只等园蛛一站起来,它们又马上冲到园蛛背上。于是园蛛又开始不断地翻筋斗、打滚,最后把小家伙们给弄得晕头转向、精疲力竭,这才让园蛛重享安宁。

狼蛛的家庭生活

狼蛛这个笨蛋妈妈拖着它的卵袋到处走,长达3个星期之久,如果用软木球或线团做实验,把它的卵丸换下来,它也不会察觉。这个超级笨蛋妈妈,只要有东西在后腿上敲打着就心满意足。

说真的,对它的献身精神,我们总是大为惊叹。不管是它从洞穴里爬上来,歇在洞口晒太阳时,还是遇到危险候地隐入暗处时,或者没找到住处前在野外到处闲逛时,都不会放下它那珍贵的卵袋。卵袋在它行走、攀爬和跳跃时都是一个累赘。如果那紧紧粘在它身上的卵袋意外脱落了,它会疯了似的扑向它的宝贝,狂热地抱住,随时准备向要夺走它宝贝的家伙狠狠咬去。有时我就是这个小贼。在抢夺中,我的钳子和狼蛛互相拔河,我能听到毒牙咬得钢钳咯吱作响。不过我们还是别打扰这“虫子”吧,你看它凶狠的样子:只见吐丝器飞快一弹,那卵丸缩了回去,蜘蛛踱了开去,还是一副威风凛凛的样子。

临近夏末的时候,这一大家子蜘蛛,老老少少,无论是困在窗台上的还是在墙头通道自由穿行的,每天展现在我眼前的都是下面这幅新景象。当上午太阳热辣辣地照在这些隐士的洞穴上时,它们会拖着那卵袋从洞底爬上来,在洞口歇息。在风和日丽的季节,它们平常要在洞口的阳光下睡一个长长的午觉。而此时它们采取的姿势完全不同。先前狼蛛是为了自己才爬出来见阳光。它靠在洞口壁旁,前半截身子在洞外,后半截身子在洞里。眼睛沐浴在光明中,腹部却留在黑暗处。拖上卵袋后它掉了个头:前半截在洞里,后半截在洞外。它用后腿抱住那个白色丸子,把那鼓鼓囊囊装满胚胎的白丸子举在洞口,一次又一次小心翼翼地转动着丸子,好让每一面都能享用哺育万物的光线。这种举动持续半天时间,只要气温不降就不会停止。在3周到4周的时间里,它耐心细致、日复一日地重复着这个举动。鸟类孵蛋时会用胸脯盖住蛋,将蛋紧紧贴在心口最温暖的地方。狼蛛则把自己的蛋放在万物的"烤炉"前,让太阳做它们的保育箱。

到了9月初,蜘蛛幼虫已经孵了好长一段时间,准备破壳而出了。那小丸沿着褶层裂开了。有关这个褶层的由来,前面已经介绍过了。是不是做母亲的感觉到光滑的外皮下面卵虫加快了孵化,因而及时亲手撕开了卵袋?也许是。不过,也可能是自动裂开的,就像我们在后面会见到的环带园蛛的气球形卵袋。其坚韧的外皮会自动裂开。裂开时做母亲的早就死了。狼蛛的卵袋裂开后,儿女们立即钻出来,而且马上爬到妈妈背上。至于那只空囊袋,此时已经成了一块毫无价值的废料,被扔出了洞穴,狼蛛绝不会多看一眼。小家伙们伏在妈妈背上,挤作一团,有时还要堆上两三层,这取决于它们的数目,而做妈妈的,在接下来的七八个月里整日都要驮着这一大家子。

狼蛛全身都被它的儿女裹得紧紧的,这种富有教益的合家欢景象,除了在狼蛛这里,还能指望在哪里看到呢?偶尔我也会遇到一小群吉普赛人顺着公路朝哪个邻近的集市走去。哼哼唧唧的婴儿用一块布巾系着,挂在妈妈胸前,刚断奶的孩子趴在妈妈背上,还有小孩紧紧拽住妈妈的裙子跟跟跄跄朝前走着,最大的孩子押后,目光搜索着长满黑刺莓的篱笆丛。真是精彩的一幕。他们逍遥快活,自行其道,囊中空空却喜气洋洋。阳光火热,大地丰腴,但在狼蛛的大家庭面前,他们就黯然失色了,那无与伦比的流浪母亲产下的小鬼头可有上百哟！从9月到第二年4月它们每一个都挤在那个耐心的大家伙的背上，从不离开。它们在那上面过着平静的日子，被驮着来来去去，心满意足，别无他求。小家伙们非常乖，绝不动弹，也不和邻居争吵。它们紧紧挤在一起，构成了一幅连绵不断的织物，做妈妈的就像穿上了一件粗毯子宽松外套，让人看不出底细。那究竟是一只动物、一团羊毛，还是一簇彼此粘在一处的细小种子？这可没法一目了然。

这张活生生的毛毯并不能始终如一地保持平衡，摔落是常事，尤其是妈妈从屋里爬到门口让小家伙们晒太阳的时候。随便往过道上一碰就会碰下一部分家庭成员。如果是母鸡，就会为小鸡牵肠挂肚，四处搜寻迷途的孩子，呼唤它们，把它们招到身旁。狼蛛对这类母亲本能的担忧却一窍不通。它会无动于衷地任由掉下去的孩子自己解决难题，而那些孩子也飞快而精彩地解决了难题。那些小东西毫无怨言地爬了上去，抖抖尘埃，又重登旧鞍，真让我看不够。落马的小蜘蛛很快就找到母亲的一条腿，这是惯用的"爬杆"，它们一窝蜂地爬去，有多快就爬多快，又重新伏到了妈妈背上。一眨眼工夫，那些动物又重新构成了一层树皮样的活生生的玩意儿。

你若因此拿母爱来做文章，那未免也太夸张了。狼蛛对其后代的钟爱不见得会比植物更深厚，植物不具备丁点儿的柔情蜜意，然而也对它的种子投注了无微不至的关怀。动物在很多情况下并不懂得其他的为母之道。瞧狼蛛能给自己的骨肉什么样的关怀吧！它对于后辈子孙，不管亲疏一概欣然接受，只要背上驮着一大群家伙就心满意足，也不管那些家伙出自自己的卵巢还是别的什么地方。毫无疑问，这的确是真正的母性之爱，我另外描述过粪金龟是如何施展其非凡才干来照料小粪球的。那些小粪球既不是它自己的作品，也没装载它的子女。可它却满腔热忱，乐于承担这额外的辛劳。它为陌生的粪球刮去霉点，其实那些粪球数量大大超过了正常的巢穴。它轻手轻脚地为它们刮擦、打磨、修整。它留意倾听它们的举动，监察每一个婴儿的生长。真正属于它自己的收藏品，所得到的关怀照顾也不过如此吧。它的血肉也好，别人的血肉也好，对它来说都是一回事。

狼蛛同样也不在乎。我拿起一支画笔，把那只蜘蛛身上的活包袱扫落在另一只盖满小家伙的蜘蛛身旁。被赶出家园的小东西四处乱窜，找到了新妈妈伸出的腿，于是都身手敏捷地爬上去，攀到那只乐于助人的大家伙背上，而那大家伙安安静静地任由它们摆弄。它们悄悄钻进其他小家伙当中，如果这一层挤得太厚实了，它们也会冲到前面去，从腹部到胸部，甚至到头部，不过还是小心地不盖住母蛛的眼睛。它们不会让母体失明，这是一般的安全要求。它们明白这点，不管拥挤到什么程度也决不侵犯眼球。此时这只动物全身都盖满了地毯似的密密麻麻的小蜘蛛，除了腿部和身子底部以外，因为腿部要保证行动自由，而身子底部与地面接触，是它们不敢涉足的地方。我用画笔让第三家人聚到那只已经负担过重的蜘蛛身上，它又心平气和地接受了。小家伙们挤得更紧了，它们分层安置，一只伏在另一只顶上，这样它们全都找到了自己的位置。这时母蛛也不像只动物了，成了一个无法形容的毛烘烘、四处走动的家伙。小家伙们频频跌下来，又不停地爬上去。我发觉这个试验只能测出蜘蛛平衡能力的极限，却没法探到母蛛仁义的底线。只要母蛛背部的尺寸足够大，它都愿意无休无止地收留流落在外的孩子。我们就此罢手吧，让每家孩子回到自己的妈妈那儿，当然这就得听天由命了。它们一定会互相交换，不过那并不重要，因为在狼蛛的眼中，亲子和养子是一回事。

人们也许想知道，如果我不施诡计，在我没有干预的场合，那天性善良的"保姆"是否有时也会驮上另一家子呢？人们也想了解，合法子女和外来者融为一体又会发生什么情况？对于这两个问题，我有充足的资料来回答。我曾经在同一只笼子里安置了两只驮着小家伙的母蛛，每一位都让自己的家远离对方，当中可以放下一只普通盘子，距离有9英寸多。那还不够，若是两家人稍一亲近,马上就会在这两个狭隘的母亲中点燃嫉妒的烈焰,一天早上,我撞见这两个老泼妇在地板上大打出手。输了的一方仰躺在地上,战胜者的肚皮压在对手的肚皮上,用腿紧紧卡住对方的腿,让它动弹不得,双方的毒螯张得大大的,准备开咬,却又不敢轻举妄动,彼此还是有些忌惮。稍候片刻,双方仅仅是互相恐吓之后,胜者,就是上面那只,合上了它致命的武器,啃下了败者的头。接着它平静地小口小口地咽下了死去的蜘蛛。

在妈妈被吃掉的时候,那些小家伙们在干什么呢?它们很容易被安抚,对这残忍的一幕视而不见,纷纷爬上胜者的背,在合法子女中默默地找到自己的位置。那女魔头一点儿也不反对,把它们当成了自己的孩子。它把妈妈当饭吃了,又把孤儿们收养下来。还要补充一点,在最后的放飞之日到来前,在往后很长一段日子里,它都会不分亲疏、一视同仁地驮着它们。从今以后,这两家就合为一家了,而它们结合的方式竟是如此血腥。我们发现,在这时谈论母爱及其表现形式将是不合时宜的。

狼蛛究竟会不会给挤在背上达7个月之久的小蜘蛛喂食呢?当它捕到猎物后会不会设宴招待它们呢?有可能,一开始我是这么认为的。我一心想要参观一下这家宴,所以对观察母蛛进食格外用功。通常情况下,猎物都是在看不见的洞穴里给吃掉的,但有时就餐活动也会在洞口的露天进行。此外,还有一个方便的观察方法,将狼蛛和它那一家子养在金属网笼里,铺上一层土,笼中的俘虏做梦也不会想到,土里会被挖个洞,因为这时已过了挖洞的时节。于是一切都在光天化日之下进行。当做妈妈的大嚼大咽、吃香喝辣的时候,小家伙们待在背上的大本营里一步也不挪动。谁也不离座,也不表现出丁点儿想溜去赴宴的意思。做妈妈的也不招呼它们下来补充营养,也不给它们留下点残汤剩饭。它吃着喝着,而小家伙则在一旁观看。或者更确切地说,是对发生的一切无动于衷。

它们在母狼蛛大饱口福时完全不动声色,这表明它们拥有一只不知饥饿的肚子。那么在妈妈背上度过的这7个月培育期，它们靠什么维持生命呢？有人认为是母体提供了分泌液，因而幼虫们照寄生虫的方式靠妈妈来养活自己，如此逐渐榨干它的体力。

我们必须摒弃这种观点。我从不曾见到它们将嘴凑到外皮上，如果这种观点成立，那里就应该是母蛛的乳头。另外母狼蛛也绝不是一副精疲力竭的憔悴样子，反而身强体壮，丰满肥硕。它带完了孩子后同开始带孩子时一样大腹便便，它并没有消瘦，一点儿没有，相反还长了肉。它养精蓄锐，好在明年夏天养育一个新的与现今这个一样庞大的家庭。

旧话重提，那些小家伙究竟是怎么保持体力的呢？要说能量储备来自卵，我们可不太相信，因为果真如此的话，那些小家伙就不会那么消耗生命力了。而且我们还想到，蛛丝是无比紧要的物质，马上就会大有用途，为了制造蛛丝，储备物质也应该尽量省着用，所谓储备本身也不过是些聊胜于无的东西。在这个细小动物的机体里一定还有其他力量在活动。如果在禁食的同时完全静止不动的话，我们还能理解，可纹丝不动却并不能算是活着。但是小狼蛛们，尽管常常在妈妈背上静养，却也随时准备活动活动，身手敏捷地拥来挤去。当它们从游荡的妈妈身上跌下时，会轻快地爬起来，机灵地攀上一条腿，登上顶端。真是一场聪明灵活、生气勃勃的精彩表演。此外，一旦坐好了位置，它们还得在群体中间保持平衡、稳定，它们得把细小的肢体伸出去，用力绷紧，以便抓牢邻居。实际上它们并不能完全休息。生理学告诉我们，凡纤维活动都要消耗能量。动物在很大程度上与我们的工业机器类似，一方面要求更新机体，因为机体会随运动而有所损耗，另一方面也需要将保存的热能转化为动作。我们可以将之与机车引擎相比。火车头在工作时逐渐磨损活塞、活塞杆、轮子、锅炉管道，所有的部件都得时刻保持良好状态。可以说是铸工和锻工替它修理，为它提供了"新陈代谢的食物"，这种食物已经融入机车整体之中，成了它的一部分。不过，尽管这食物刚刚来自引擎商店,它也还是死气沉沉的。要获得运动的能量,就必须要有司炉提供"造能食物",换句话说,他要在机车内部点燃几铲煤,这种热量能推动机器工作。动物也是如此。所谓无因即无果,首先是卵为动物的新生儿提供了物质;接着有生物的锻工——促进新陈代谢食物让躯体的力量提高到一定的限度,躯体疲劳时又及时更新。同时,司炉也在一刻不停地工作。燃料是能量的来源,只在系统里做短暂的停留,燃料消耗后制造了热量,由此产生了运动。生命就是一只机车锅炉火箱。在食物的刺激下,动物的机体开始行动起来,行走、奔跑、跳跃、游泳、飞翔,让自己的运动器官以成百上千种方式活动起来。我们再回到小蜘蛛的话题,它们在等待放飞的期间可是一点儿也没生长。

我发现,7个月大的它们与初生时所见并无不同。卵为它们的细小身躯提供了必需的物质,而目前由于排泄而导致的损失极其微小,甚至可以忽略不计,只要小动物们不生长就不需要额外的促进新陈代谢的食品。这么一来,延长禁食期也就没什么困难了。

可是问题依然存在,小狼蛛在必要时会活动身子,而且还很敏捷,那么提供能量的食物就是必不可少的了。如果动物完全没有吸收养料,那它行动所消耗的热量又来自何处?

我陡然起了一个念头。我们常常说机器即使没有生命,也并不光是物体,因为人在其中注入了自己的思维。现在那只消耗煤炭口粮的铁兽其实是在啃咬积聚了太阳能的古代的蕨类。血肉之躯的行为也并无不同,不管它们是相互吞食,还是向植物索贡,它们总是一成不变地在太阳热能的刺激下发育生长,而太阳的热能储存在草、果实、种子以及以这些为食的东西上。太阳,这个宇宙的灵魂,是至高无上的能量施主。会不会是这种太阳能直接注入动物体内,为它补充活力,就像电池为蓄能器充电一样呢?这样动物就不用进食食物,经历胃肠化学分解那并不光彩的循环过程了。既然我们发现我们消耗的并不是果实而是果实里的阳光,那为什么不以阳光为食呢？化学这位大胆的革命家，承诺要给我们提供合成食物。实验室和工厂将取代农场的位置，为什么不让自然科学也插上一手呢？

自然科学会将促进新陈代谢食物的制作交给化学家的曲颈瓶，而自己则承担供给能量食物的制作工作，到时候，这所谓供应能量的食物也就名副其实，不再有什么了不起了。在一些精巧器械的协助下，每天都有一定份额的太阳能进入我们体内，随后消耗在运动上，我们的机体动作不停，却无需肠胃一类的器官接合进来。有它们掺和常常是一桩苦事呢。人的午餐若成了一道阳光，那该是多么快乐的世界啊！那是一个梦，还是对遥远未来的预测呢？

这可是科学能给我们提出的一个最重要的问题。要考察它的可能性，还是先让我们听听小狼蛛摆出的证据吧。它们在7个月里没有任何物质营养，却在活动中消耗了体力，它们绷紧自己的肌肉组织，直接用热和光更新机体。还在妈妈身后拖着卵袋的时期，它就在一天中最好的时光里将它的卵袋举起迎向太阳。它用两条后腿将那小丸从地上提起，让它彻底沐浴在阳光里。它不停地转动小丸，好让每一面都接受到那催生万物的光线的恩施。是啊，这种生命之浴，曾唤醒了胚胎，此时又继续给柔弱的小宝贝们提供能量。每天，只要天空晴朗，狼蛛就驮着儿女们从洞里爬上来，靠在洞口，享受阳光浴，乐不思蜀。这时伏在妈妈背上的小家伙们便快活地舒展肢体，狂饮热流，吞食动物，吸收能量。它们一动不动，但只要我吹上一口气，它们就会机灵地四下逃窜，仿佛有飓风袭来。它们急急忙忙地一哄而散，又急急忙忙地聚成一团，这不正好证明了没有任何物质营养补给，那些小虫子也总是冲劲十足，行动敏捷吗？天光暗淡下去以后，饱餐了一顿阳光的母子们又爬回下面。这一天太阳餐厅的能量大宴宣告结束。只要天公作美，每天都会有这样的盛宴，直到放飞之日来临时，它们才吃下第一口固体食物。

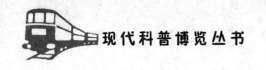
天 生 攀 岩 家

三月过后,在天气晴朗的日子里,特别是阳光明媚的上午,小蜘蛛们开始成群结队地离开家,另谋生路去了。

狼蛛妈妈驮着它拥挤的一家子,爬出洞穴,蹲在洞口边沿。它任由它们随意行事,似乎对眼前的一切漠不关心,既不鼓励也不挽留。这几个第一批走,那几个随后走,这得取决于它们是否自己泡够了阳光浴。小家伙们成群成群地离开妈妈,在地上乱窜一阵后便迅速爬到笼子的网格上。它们的爬行速度真是快得惊人。它们钻出网眼,径直朝笼顶爬去。

它们一个不落地全都直奔高处。从狼蛛习性来看,它们本该在下面穿梭才对。但所有的狼蛛都往笼顶上跑,这究竟是为什么呢?我还真猜不出来。我从笼顶上安装的竖环得到了一丝线索。小家伙们全是奔那儿而去的。那儿对它们来说就是体操馆的门廊。它们在洞眼间拉上蛛丝,又将丝从圆环连到最近的网格架。它们就在这些"独木桥"上表演荡绳绝技,身边不断有同伴来来往往。小小的腿儿不时地张开往四下里伸展,仿佛要探到最远的峰顶。我开始理解了,它们都是杂技演员,所追求的高度远非笼顶这类东西可及。我在格架顶上立了一根树枝,将攀爬高度又加了一倍,这群闹哄哄的家伙急忙顺杆爬去,爬到高处,吐出丝来。这样一来便造出许许多多"吊桥",我的小家伙们身手敏捷地在"吊桥"上奔忙,不停歇地跑来跑去。

人们也许会说它们还盼望爬得更高一些。我愿意尽力满足它们的心愿,我拿来一根9英尺长的芦苇,细长的苇秆长得笔直。我把芦苇立在笼子上。小狼蛛们爬到秆尖。在这儿,纺丝坊又拉出更长的蛛丝。开始蛛丝还吊在空中飘荡,后来丝尾随便粘上附近的什么支撑物便又搭成了吊桥。这些高空飞人踏上吊桥,组成一串串花环,即使再轻微的风也能优雅地把花环荡起来,蛛丝是看不见的,除非它正好在阳光下,而在阳光下整个蛛网让人想起表演高空芭蕾的一排排飞蚊。接着,在气流的拨弄下,那精巧的丝网突然断开,在空中飘飞。看啊,这些移民们就粘在自己吐出的丝线上飘来荡去。如果顺风,它们能在很远的地方着陆。就这样,它们的离家之行要持续一到两周,它们成群地舍家而去,数目有多有少,依当天的气温和晴雨而定。如果天空不放晴,谁也不考虑出走的事,旅行者们需要阳光给予它们一些能量。

最后全部子女都乘着自己的飞绳消失在远方。只剩下妈妈自己。失去儿女,它似乎并不悲伤。它依旧神采奕奕,依旧丰满肥硕,这表明母爱的负担对它而言并不太重。我还注意到它对捕猎的热情高涨了起来。当它驮着一大家子时,饮食格外节俭,只接受眼前到手的猎物。寒冬也许让它胃口大减,也或许是小家伙们的重量妨碍了它的行动,让它在捕杀猎物时更加谨慎。现在好天气让它高兴了起来,行动上又无阻碍,于是每当我在它洞口放上它喜爱的虫子时,它便会匆匆地冲出洞穴,从我手指上取走美味的虫子。只要我有空,这种场面每天都会上演。经过一个节俭的冬季,纵情欢宴的时候到了。这样的胃口告诉我们,我的这些寄宿生们并没有濒临死亡,如果肠胃衰竭,是不会如此豪吃海喝的。

它们生机勃勃地开始了第4年的生活。冬季,我常常在野地里发现驮着儿女的大块头妈妈,其他蜘蛛的个头只有它们的一半多大。由此可见,那个大家庭原来是三代同堂。此时我陶盘里的老太太,在子女离去之后,依然还像从前那么强壮。种种外在的迹象告诉我们,在做了曾外婆后,它们仍然保持着繁衍种族的能力。事实证明了这些预测。待时光又到9月时,我的囚徒们又拖上了与去年一样鼓胀的囊袋。在很长一段时间里,这些妈妈每天都爬到洞口,托起那皮囊,让阳光来催生,即便别的蜘蛛早在几周前就孵出了卵,它们也一样我行我素。它们的坚持不懈并没得到回报:光滑的皮囊没有生出任何东西,里面没有任何动静。为什么？因为它们关在笼子里，没有父亲给卵子授精。它们终于不耐烦再等下去，也明白这次是没有结果的，于是便把卵袋推出洞口，不再费心了。当春天再次降临，按正常规律出生的蜘蛛后代放飞之时，它们断了气。由此看来，蜘蛛这荒原一霸比它的邻居金龟子要高寿得多：它至少要活5年。

现在我们还是让妈妈们去忙自己的活儿，回过头来关注这些小蜘蛛吧。当我们看到，小狼蛛们刚刚获得自由便急不可耐地朝高处攀去，心里不能不为之惊讶。它们天生注定要生活在地面，先是待在矮草丛里，随后找个地坑定居下来，再也不搬了，可它们在一生的旅程之初却是狂热奔放的杂技演员。在降落到平常低矮的住所之前，它们只偏爱陡峭的高地。更上一层楼是它们的第一个要求。看来我尽管立了一根9英尺的杆子，杆子上的枝条分布适当，方便攀登，可仍然没能探及它们攀爬本能的极限。那些急匆匆攀到最高枝头的蜘蛛挥舞着腿脚，往空中伸展，仿佛要探寻更高的枝条。

我们应该重新开始，给它们提供更好的条件。法国狼蛛通常有恋土之俗，却一时迷上了登高，这让它比其他种类的蜘蛛显得更有趣。尽管如此，它在离家的时刻却不怎么引人注目，因为小家伙们并不是一哄而散，而是一小批一小批分先后离开妈妈。如果是普通园蛛或是背上饰有三个白十字的十字园蛛（也叫王冠蛛），场面便会好看了许多。它11月产卵，第一股寒潮一来就断了气。它可不如狼蛛长寿。早春时节离开孵好的卵袋后，它就再也见不着第二个春天了。这只装着卵的皮囊没有环带园蛛和纺丝大蜘蛛的卵袋精巧，对那精巧的卵袋我们真是敬佩有加。这儿我们见不到优雅的气球形状，也见不到有着星形底座的抛物面，也没有坚韧、防水的光滑材料，没有天鹅绒似的东西和包裹着卵的内桶。这儿对结实布料的制造和间隔套间隔的构造都一无所知。十字园蛛的作品是白丝小丸，由柔软的毡料织造而成，新生的小蜘蛛可以轻而易举破囊而出，无须早已过世的妈妈帮忙，也不必依靠卵袋在某个时刻自动裂开。它的大小似李子，我们可以从其结构判断出制作方法。就像前面那只在我的陶盘里忙活的狼蛛一样，十字园蛛在相邻几个物体间扯上几根蛛丝，然后在蛛丝支撑下，开始做一只浅浅的盘子，浅盘做得相当厚，免得往后再来加固。你很容易猜出整个过程，腹尖从上往下，又从下往上均匀地敲打着，同时这工匠的位置也稍有移动。吐丝器往已经织好的丝毯上一次添上一点蛛丝。当厚度达到要求后，蜘蛛妈妈便倾囊而出，不停歇地把卵都产到丝盆中央。

那些卵呈漂亮的橘黄色，卵身湿漉漉的，粘在一块，形成一个球状的卵团。吐丝器又重新开始工作。卵团上罩上了一个丝帽，模样就像刚才那只浅口盘。这上下两半严丝合缝，组成一个完整的球体。环带园蛛和纺丝大蜘蛛是做防雨材料的专家，都把卵产在高处，放在灌木丛和荆棘堆里，完全无遮无挡。用来做卵袋的厚织物足以保护卵不受冬季严寒的侵袭，而且它还能防潮。而十字蜘蛛（或称王冠蛛）需要找个缝隙来放自己的卵，因为它的卵是装在不防水的毡料里的。它会在完全敞露在阳光里的石堆间挑选一块大石板当屋顶。它将自己的小丸安置在下方，与冬眠的蜗牛做伴。不过它更偏爱那些长得密密麻麻、缠成一团的矮小灌木，那样的灌木有八九英寸高，冬季叶子常青。找不到更好的地方的话，也可以在一堆草丛里安家。不管卵袋放在什么庇护所，它总是贴近地面，越隐蔽越好。我们发现，除了有大石头当顶的地方，它选的地点都不怎么符合卫生要求。十字园蛛似乎意识到了这一点。即使是在石头下，它也总不忘为自己的卵搭个顶，添一层保护。它用一点丝将一些细碎干草胶合起来，罩在卵上。卵子的寓所变成了一个草棚。

我真是好运气，在围墙里的一条小径边上，几丛地丝柏和薰衣草当中，我找到了两个十字园蛛的巢。这就是我计划中的所需之物。这一发现非常珍贵，因为它们离乡的日子近了。我准备了两段长约15英尺的竹竿。竹竿从顶到底部长有小枝条。我在第一个巢旁栽下一根竹竿,我把周围地面的乱草杂物都清理干净,因为如果蛛丝被风一吹,那些茂盛的植物随随便便就可以把移民带离我为它们设置的大道。另一根竹竿我立在院子当中,竹竿孤零零的,离任何突出的物体都有一段距离。第二个巢连灌木及所有东西都原样搬到枝条参差的高竿底下。预想中的事情不久来临了。5月头两周,这两家子,一家稍早,另一家稍后,各傍着一根竹竿攀爬,离开了各自的皮囊。

它们离家的方式倒不出奇。这些外来者的领地是由一个非常松散的网络构成的,它们蜿蜒穿行其中:这是些小小的橘黄色虫子,身子后部顶着块三角形黑斑。只需一个上午,一家子就露面了。这些放飞的小家伙们逐渐爬到最近的枝条上,爬上竿顶,吐出几根丝来。很快它们就集合起来,聚成球形,有胡桃那么大。它们全都把头塞在里面,屁股露在外面,一动不动,静静地打着瞌睡,让阳光哺育它们茁壮成长。它们腹中藏有丰富的蛛丝,这是它们唯一的继承物,它们打算借此奔向广阔的世界。

我们来用根小草戳戳那团蜘蛛球,给它们制造点混乱。所有蜘蛛马上醒了。球体轻轻胀开、胀大,仿佛有股离心力在起作用。它成了一个半透明的球,里面有成千上万条细腿在抖动,蛛丝也随之拉伸开来。整个球完全散开了,变成一道精美的纱幕,上面散布着蜘蛛的整个家族。于是我们就看到一团优美的星云,在它乳白色的底子上,小动物们就像闪闪的橘色星星。这种星罗棋布的状态,尽管会持续数小时之久,却也还是一时的现象。要是冷风吹来,或者大雨临门,它们马上又会聚成球形。这是一种保护措施。在一个暴雨过后的早上,我发现每根竹子上的家庭都跟头天一样完好无损。蛛丝纱幕和球形结构为它们有效地挡住了倾盆的大雨。绵羊也是这么做的。当羊群在牧场突遇暴风雨时,大家就会聚拢来,挤成一团,用背部共同抵挡风雨。劳顿了一上午后,即使是风停雨歇的晴朗天,它们通常也会聚成球形。下午时这些爬虫们便纷纷凑到高处,在那里它们织出一个圆锥形帐篷,就以一根竹枝的枝尖为篷顶，它们紧紧地挤成一团，就在帐篷下过夜。第二天，当气温又回升时，那些登高者便又排成长长的纵列，沿着纱幕往前走，这纱幕是几个蜘蛛先锋草草编成的，后来者又动手细细补缀。在三四天里我的这些小移民们每天晚上都团成球形躲进一个新帐篷里，一直等到早上太阳晒热了，它们才出来，它们就这样在两根离地15英尺的竹竿上一步步成长，直到吸收了应有的光照量。

最后，它们的攀高行动因为没有立足点而宣告结束。在通常情况下，它们也不会攀得这么高。小蜘蛛们控制的领地一般是矮树丛和灌木林，它们可以提供各个方向的支柱，粘在上面的蛛丝被旋气流一吹就到处飘散。有了这些架在空中的蛛丝桥，它们离开枝叶就一点也不难了。每个移民都有自己离家的吉时，都有自己最适合的离家方式。我的布置多少改变了它们的环境。那两根柱子离周围的灌木丛都有些距离，院子当中的那根尤其如此。搭桥是不可能的了，因为荡在空中的蛛丝都不够长。于是那些一心想离去的杂技演员就一直往上爬，被逼着往高处去寻找更合适的地方。我的两根竹竿大概还是不够高，测试不出那些攀爬高手能达到的极限。

我们马上就能明白这种攀爬嗜好的目的。园蛛拥有这种本能是相当引人注目的，因为它们的领地是低矮的灌木丛，它们就在灌木丛里张网织罗。而狼蛛拥有这种本能就更令人吃惊了。因为除了它们走下妈妈后背的那一段时间，它再也不会离开地面，可在它扬帆起航之际，却同幼小的园蛛一样表现出一副依恋高处的模样。

我们还是对狼蛛做一番特别的分析吧：它在离家时突然激发出一种本能，几个小时后它又迅速而且永远地失去了这种本能。这就呈攀爬的本能，是成年蜘蛛所不知，和获得自由的幼蛛很快忘却的本能。在日后漫长的时光中，那些幼蛛必将在地面上流浪奔波，哪怕是草秆尖也不会有谁想去攀爬。完全成年的蜘蛛惯于下套捕猎,它躲在堡垒里伺机而动;幼小的蜘蛛则在矮草丛里徒步捕猎。两者都没有张网,因而也不需要高处的接触点,它们不可能离开地面去爬高。然而我们在此见到的幼狼蛛,只想离开儿时的家,用最简便、最迅捷的方法远游,于是突然变成了狂热的攀岩家。它急癫癫地攀上出生地——笼子的金属丝格,匆匆忙忙地蹿到我为它准备的高竿上。如果是在荒原,它也会照样爬到灌木枝尖上。在高处它可以窥见下面广阔的地域,然后吐出一根垂丝。风吹动蛛丝,也将粘在上面的它送了出去。我们有我们的飞机,它也有它的飞行器。一旦旅行结束,所以说,这种聪明本事便消失得干干净净,不留任何痕迹。这种攀高能力只在刚出生时陡然现身,后来就马上消失了。

蜘蛛离乡记

一粒种子在果实里成熟以后,便会播散出去,撒落到地面,在适宜的环境下茁壮成长,最后长得枝繁叶茂。路旁的废物堆中长出了一种葫芦属植物,通常称为喷瓜,它的果实是一种皮粗、味苦的小黄瓜,大小像颗椰枣。果实成熟后,肉质的果心化为汁液,种子便漂浮在汁液中。由于受弹性果皮的挤压,这种浆质果肉便会全部压到瓜蒂上,瓜蒂慢慢给推出去,本来还像个塞子,现在却崩开了,口子一开,一股夹着种子的果肉便猛地射了出来。如果你不懂其中蹊跷,在烈日当空时去摇晃那株挂满了黄色果实的植物,那么树叶间传来的一声爆响和兜头浇来的黄瓜弹雨,这一定会让你受惊不小的。

凤仙花的果实成熟时,随便一碰,便会裂开,形成五个肉质果荚,果荚卷起来,将种子向远处弹去。凤仙花的生物学名称是Em-Patiens,也就是蒴果突然开裂的意思。它的确是一触即发。

在林子里潮湿阴暗之处还生长着另一种凤仙花属植物,也是出于同一个原因,得到一个更富有表现力的名字——"别碰我"（宝石草）。

三色堇的蒴果会胀开,形成三个荚,每个荚弯成船的样子,船中央盛着两排种子。当这些果荚干枯后,边缘就皱缩起来,挤压种子,将之弹射出去。

轻质种子,尤其是菊科植物的种子,都有航天装置——顶绒、羽毛、飞轮,这些装置让它们飞上天,飞到远处。蒲公英的种子就是这样,种子上有一束绒毛,随便吹上一口气,种子就会从干花托上飞起来,在空中东飘西荡。翼瓣的作用仅次于绒毛,也是凭借风力播种的最合适的工具。黄色桂竹香种子的膜状边缘看似薄薄的鳞片,多亏有了它,种子才能飞到高高的建筑物飞檐上,飞到难于攀上的岩石缝隙里,飞到旧墙老壁的裂缝中,在残余的一点腐殖土里发芽。这些腐殖土是比它们早到的苔藓的遗物。榆树的翼果由一片宽宽的轻质扇翼组成,种子就封在中央位置,槭树的翼果是成双成对的,像展开的鸟翼;岑树的翼果就像向前伸出的桨叶,一遇大风雨就会奔向极远的他乡。

同植物一样,昆虫有时也拥有旅行装置。这是它们开花散枝的工具,有了它,数目庞大的家庭便可以迅速向野外扩散,每个家庭成员都可以占据一方天地而不致伤害邻居。而它们那些装置,那些方法,完全可以在才智上同榆树的翼果、蒲公英的绒毛和喷瓜的弹射一决高下。

我们还是来特别关注一下园蛛吧。这些了不起的蜘蛛为了捕猎,要在相邻两株灌木间拉上一条垂直的大网,就像捕鸟网一样。我这一区最打眼的要数环带园蛛,它身上饰有美丽的黄、黑、银白彩带。它的巢堪称魅力四射的杰作,是一个缎质的袋子,形状像只微型梨。颈部顶端有一个凹进的口子,口子上套着一个盖子,也是缎质的。棕色条纹就像怪诞的子午线圈,在这物体的南北两极之间绕环。打开巢穴,里面的东西我们在前面虽已见识过了,但是从头再来一遍也许印象更深。外层包裹物同我们的纺织品一样结实,而且还具有绝佳的防水性。这是一种相当精致的黄褐色丝质绒毛,好似一团轻烟。世界上再没有哪个妈妈准备的婴儿床比这更柔软。在这团羽绒般的物体中挂着一只顶针形的丝质小袋,袋子上罩着活动盖,小袋里就装着卵,呈漂亮的橘黄色,约有500个之多。看到这一切,难道你不认为这幢可爱的大宅就是动物的果实,胚芽的外匣,可与植物蒴果媲美的包膜吗?只是,园蛛的小袋里盛的不是种子而是卵。看起来它们似乎大相径庭,其实卵和种子是一回事。

那么,这颗活生生的果实,在盛夏的热浪中成熟后,将以怎样的方式破裂呢?最重要的是,那种子要怎样去撒播呢?它们可有成百上千个之多。它们必须分道扬镳,离群独居,这样才不用太担心与邻居的竞争,它们那么弱小,迈着那么细碎的步子,该怎样才能奔赴远方呢?我从另一家早就出世了的园蛛身上找到了第一个问题的答案。它们是5月初我在围墙里的丝兰花上发现的。丝兰花去年开了花,花茎仍然翘立如故。在剑锋形的绿叶上聚着两家刚孵出来的蜘蛛。这些早早就钻出来的小虫子呈暗黄色,臀部上有一块三角形黑斑。后来它们的背上又泛起了3个白十字,这样我才把我发现的虫子跟十字园蛛(或称王冠蛛)联系在一起。

当太阳光照到院子里这个角落时,其中一家蜘蛛乱成了一锅粥。那些身为高明杂技家的小蜘蛛一个接一个地往上爬,爬到花枝头上。这时队列突然散了形,朝正反两个方向行进的都有。大家乱成一团,原来是一阵微风吹乱了队伍。这时,它们已不再有要把队伍重排整齐的想法,每时每刻枝头上都有蜘蛛离去,一个接着一个。它们猛地弹了出去,也可以说是飞了出去。它们仿佛长出了一对蚊子的翅膀,突然间就消失不见了。我目力所及的一切是无法解释这种奇特飞行的,因为在室外嘈杂的环境中根本不可能进行周密的观察。那儿缺乏书房里那种安宁、平静的气氛。

我将另一家子装入一只大盒子,马上盖上盒盖,把它安置在动物实验室的小桌上,离敞开的窗子只有两步。我从刚才的所见得知它们酷爱攀高，因此我给实验对象们拿来一捆枝条，有18英寸高，作为它们的爬杆。整个队伍急匆匆地爬上去，爬到杆顶。只一小会儿，它们就一个不落地全到了高处。稍后我们会知道它们为什么在枝条突出的梢尖集合。此时各处的小蜘蛛随心所欲地织起了网：只见它们蹿上去又跳下来，又蹿上去。这样就织成一条边缘参差的纱巾，一张多角形的网，它以枝兜为顶点，以桌缘为底边，约有18英寸宽。这片纱巾就是训练场，就是工作间，它们在这儿做好一切离乡的准备。这些卑微的小生命总是一副火烧眉毛的样子，精力充沛地跑来跑去。当太阳照到它们身上时，它们就变成闪烁的亮点，点缀在奶白色的纱幕上，好似某个星座。望远镜给我们展示了天空无穷无尽的星系，这便是天上遥远的小星点的投影。无限小的东西和无限大的东西在外形上是何其相似，只是距离远近不同而已。不过那鲜活的星云并不是由固定的星星组成的，相反，它的星点时刻在动。网中的幼蜘蛛一刻不停地移来移去。许多干脆让自己掉下去，悬在一段蛛丝上，这是吐丝器被蜘蛛重量拖出的丝。接着它们又飞快地顺着这根丝爬上去，慢慢将这根丝团成一束，接着又跳下去拉长蛛丝。其他蜘蛛始终都在网上跑来跑去，在我看来像是在制造一捆绳子。说实话，蛛丝并不是从吐丝器里流淌出来的，是用力挤出来的。这是一种榨取，而不是排泄。蜘蛛为了获取它那纤细的绳索，不得不四处走动、拖曳，有的靠坠落，有的靠行走，就好比制绳工人在搓纤维时倒退着行走一样。此时在训练场上演示的活动是为即将来临的离乡做准备。旅行者们整装待发。很快我们就看到一些蜘蛛在桌子和敞开的窗户间迈着轻快的步子一路飞跑。

可它们究竟是凭借什么来奔跑呢？如果光线适宜，我仔细看的话，有时也能看到，在细小的动物身后有一根好似光芒、时而闪现时而隐没的蛛丝。也就是说，它身后有一个拴系它的东西，勉强可以看出来，如果你细心看的话。但是在前方，朝向窗口的地方却什么也看不到。我上下左右仔细检查，一无所获，四处扫视，

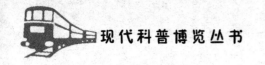

仍然一无所获:我找不出一丝一毫可以支撑那小生命往前走的东西。

人们也许会认为小家伙们正在空中漫步。它让人联想到一只腿被缚住的小鸟正在向前疾冲。但是在这件事中,表面现象是具有欺骗性的:它们不可能飞翔,蜘蛛必定在空中搭起了一座桥。这座桥我虽看不见,却至少可以摧毁它。我拿一把尺子在蜘蛛和窗子之间的空中劈过去。一举奏效:细小的虫子立马不再往前走,掉了下去。看不见的踏板断了。我儿子小保罗是我的帮手,这魔杖的一挥也让他大吃一惊。因为即使是他有着一双灵动、年轻的眼睛,也没能看出往前走的蜘蛛脚下的支撑物。另一方面,它们身后的蛛丝却可以看见。这其实很容易解释。每一只蜘蛛都会一边走一边纺出一根保险带,这根保险带会给时刻有跌落之险的走钢丝者提供保护。所以说,身后的线是双股的,看得见,而身前的线仍是单股的,几乎难以察觉。

显然,这座看不见的桥并不是由虫子架起来的,而是由一股风托送出去的。园蛛纺出这根丝以后,就任由它在空中飘荡,而一旦起风,不管那风有多轻柔,蛛丝都会乘风而起。即便是烟斗朝空中喷出的一口烟也不例外。这根飘浮的蛛线只要碰上附近任何一样东西,都会粘在上面。吊桥放下来了,蜘蛛也就可以出发了。据说南美洲的印第安人用匍匐植物枝条扭成旅行吊篮,乘着它凌空飞越了科迪勒拉山系的深渊,实在令人佩服。而小蜘蛛们在空中穿行凭借的是无影无踪无法衡量的东西,更令人惊叹。不过要将那飘浮的蛛丝送到彼岸,还需要一股风。此时在我书房的门窗之间就有股过堂风,因为门和窗都是敞开的。风无比轻柔,我根本没感觉到,只是看到烟斗喷出的烟缭绕着朝那个方向飘去。这才明白有风的存在。冷空气从门外跑进来,暖空气由窗里逃出去,这就是那股托起蛛丝的风,蜘蛛因而可以启程上路。

我将两个开口通通闭上,断了风的来路,又用尺子在窗口和桌子间挥舞一番,将通道全部扫荡干净。随后,在一片寂静气氛中,离乡之路断了。气流不复存在,丝束也不再飘扬,它们无法再向外迁移。然而迁居工作马上又恢复了,这次的去向我真是做梦也想不到。热辣辣的太阳正照射在一块地板上,这块地方比别处暖和一些,因而产生了一道很轻的上升气流。如果这道气流托起蛛丝,我的蜘蛛们就应该升到天花板上。它们的确是朝这个异乎寻常的方向攀去,不幸的是,经过窗口大逃亡之后,它们的队伍已经大大缩小了,不适合再做进一步的实验。我们必须重新开始。

第二天上午,我在同一株丝兰花上采集了第二个家庭,其成员的数目与第一个并无不同。一切同昨天一样准备就绪。我的蜘蛛军团首先在自己领地里的那根长杆梢尖和桌子边沿之间织起一张边缘参差的网。五六百个细小的虫子遍及这工作间的各个角落,当它们在这个小小的世界忙成一团,为离乡大做准备之时,我也在做着自己的安排。房里的每一个出入口都堵上了,为的是制造一个尽可能无风的环境。我在脚边放了一只点燃的火炉。我的手放在与蜘蛛正织着的网齐平的位置,感觉不到火炉的热力。微弱的热力引出一股上升气流,从而可以把蛛丝吹直,送上高处。首先我们要查明气流的方向和力量。充任我的向导的是蒲公英绒毛,摘去种子的绒毛又轻了几许。我在火炉上方,与桌子齐平的位置松开绒毛,它们慢慢朝上飘去,大部分都飘到了天花板上。移民们走的应该也是这条上升的路,甚至它们还会走得更漂亮些。没错,一只蜘蛛往上攀去,我们旁观的3个人看不到它的支撑物。它抖动着8条腿在空中漫步,轻轻摇摆着身子往上攀爬。其他蜘蛛跟了上去,有时走另外的路,有时走同一条路,跟上的蜘蛛越来越多。任何不了解其中诀窍的人看到这不靠梯子的登天奇术,都会露出一脸迷茫。一会儿工夫,它们大部分都上去了,紧贴在天花板上。并不是所有的蜘蛛都爬到了那儿,有几只攀到某一高度后,就不再往上爬了;有的还落到了地上,尽管它们也使出浑身解数,拼命往前拨拉着腿脚。它们越是往前挣扎,就落得越快。如此飘来荡去,不但走过的路都白走了,甚至还会倒行退步。这里面的道理也很容易解释。蛛丝根本就没搭到高处的平台，它在空中飘荡着，只能粘在低处的端点。只要丝的长度适中，即使丝尾未能固定，它也能承受住那细小动物的重量。但是蜘蛛爬得越远，飘浮力就越小，终于蛛丝的上升浮力和它所承受的重量达到了平衡点。这时尽管这小家伙还在攀爬，它却无法再前进一步了。不一会儿，体重超过了越来越小的浮力，蜘蛛尽管仍在往前挣扎，却还是滑了下去。它最终被坠落的蛛丝带回到了枝条上。这时，新的一轮攀高又马上开场了，有的吐出新丝，如果丝的储存还未竭尽的话；有的则挑一根前面的蜘蛛织出来的丝攀登，通常它们都会到达天花板。那儿有12英尺高。所以说那小蜘蛛虽然滴水未进，也能吐出足有12英尺长的丝来，这可是它的纺织坊生产的第一件丝织品。而所有这一切，包括造丝者和它的纺织作品全都出自一颗卵，卵本身也不过是一颗极其微小的微粒。瞧瞧小蜘蛛做出来的丝织品，那丝精细到何种程度！我们的工厂能制造出炽热状态下才能显形的铂丝。而幼蛛制造细丝凭借的却是简陋得多的工具，若论丝之精细，连灿烂的太阳光也无法轻易让它显形于我们眼前。

我们千万不能让所有这些攀登家困在天花板上，那是一片荒原，待在那儿，它们大部分会丢掉性命，因为它们不饱餐一顿的话就再也织不出一根丝来。于是，我打开了窗子。火炉上方那丝微温的气流便从窗口上方溜了出去。我之所以知道这点，是因为蒲公英绒毛奔那里而去了。飘荡在空中的蛛丝决不会错过这股气流，它们会乘着这气流朝窗口延伸，而窗外正吹着轻风。我操起一把锋利的剪刀，小心地剪断几根蛛丝。它们的底端因为添加了一股，所以是看得见的。这手术真是效果惊人。蜘蛛就悬在飞绳上，乘风飞出了窗口，瞬时不见了。要是那运载工具再装上舵，让乘客可以择其所好地着陆，那该是多么方便的旅行啊！

但小东西们的命运现在全由风来摆布：它们要降落在哪儿呢？也许是几百码外，也许是几千码外。我们祝福它们一路走好。

　　离乡的问题现在解决了,如果没有我施计干预,整个过程在野外露天进行,那又会怎样呢?答案是显而易见的。小蜘蛛们是天生的杂技演员和走钢丝专家,它们会爬到树枝梢头,寻找一个视野开阔的位置,抖开它们的工具。只见它们一个个都从自己的纺丝坊里拉出丝来,抛到气流的漩涡之中。被太阳晒热的空气从地面往上升腾,蛛丝就在这热气流轻柔的抬升下,朝上飞扬、飘浮,寻找粘着点。最后蛛丝断了,带着这位纺丝姑娘消失在远方。

　　身上有3个白十字的园蛛,也就是给我们提供了有关离乡之路首批资料的蜘蛛,它们的育儿事业还只算中等规模。它只为卵织了一个丝球做包囊,和环带园蛛的气球相比,它的作品的确很朴素。我希望那些气球卵袋能给我提供更为齐全的资料。我在秋季养了一些蜘蛛妈妈,因而储存了好些货色。这样我就决不会错过任何要紧的事了。那些气球大部分都是我亲眼看着织就的,我把它们合成两部分:一半留在我书房里,罩上金属纱网,再放几捆枝条做支柱;另一半放在院子里的迷迭香上,让它们经历露天的日夜交替。这些准备措施给人一种十拿九稳的感觉,却并没制造出想象中的场面。我指的是一场浩浩荡荡的出行,其精彩程度配得上它们占据的寓所。不过,有几个结果倒也有趣,值得我们关注。我们还是来简要叙说吧。

　　环带园蛛的卵一般在3月来临时开始孵化。假设我们在孵化期间将环带园蛛的巢穴剪开,会发现有一些幼蛛已经离开了中央舱室,爬到周围的绒毛上,其余的仍是一团密实的橘黄色卵。幼蛛并不是同时露面的,整个过程时断时续,也许要持续一两周。未来那件条纹丰富的外套此时还不见踪影。它们的腹部是白色的,或者说前半部是粉白的,而后半部是暗褐色的。身子的其他部分是淡黄色的,不过前面的眼睛却勾出了一个黑圈。小家伙们独处时,会一动不动地待在柔软的黄褐绒毛里。如果受到了打扰,它们就会懒洋洋地在原地拨拉几下,甚至也会跟跟跄跄地走上几步。看得出来它们在出门冒险之前得先强身健体。它们就是在这个填满气球的精致丝绒里发育完全的。这是它们修炼身子的候产室。它们一钻出中央小袋就扎进这丝绒中。直到4个月后，仲夏的热浪扑来时，它们才会离开这儿。它们的数目非常可观。经过一场耐心细致的人口调查，我得出将近600的数字。这些幼蛛要从一个不比豌豆更大的小袋里出来。要施什么样的魔术才能使它容下如此庞大的家庭呢？这几千条腿是如何生长发育又不致互相挤拽的呢？我们在前面读到，卵袋是底部浑圆的扁柱体，是由密实的白色缎料制成的。这可是一层无法穿越的屏障。它前面开了一个洞，堵上一个同样质地的盖子，柔软的小生命不可能由此通过。它不是多孔的毡料，而是一种如麻布般坚韧的材料。

那么，幼蛛是靠什么产出来的呢？注意到没有，盖子周边有一个窄窄的卷边，插入卵袋的开口里？同样，平底锅的盖子也是靠凸起的边缘卡在锅口上的；不同的是，在园蛛的作品里，盖边并不是贴在开口上，而是与卵袋或巢身合为一体的。当孵化期来临时，这片圆盖就松开、升上去，让新生蜘蛛通过。如果那边沿没有固定死，只是插入巢身的话，甚至如果全家都是同时出生的话，我们就会认为那扇大门是由门里住客的生命之波冲开的。它们可以齐心协力用背部推开门。我们大可以从平底锅的例子中找到类似的情形：平底锅盖可以被锅里煮沸的东西冲开。但是卵袋盖同卵袋是同一种材质，两者紧密地合为一体。而且，蛛卵的孵化是小批小批进行的，它们再使劲也白搭。所以说，一定有自动的爆裂或者绽开的时候，类似于植物荚果的崩裂，无须小蜘蛛亲自出力。金鱼草的干果完全成熟时会打开3个窗口；海绿属植物的果实会裂成两片，就像打开的怀表；石竹的果实会打开部分果瓣，顶上开出一个星形天窗。每个包着种子的荚壳都有自己的开锁系统，只需要阳光的轻抚就能平稳地运转。环带园蛛的胚胎匣，就同那些干果一样，拥有爆裂开关。只要卵还没有孵出，门就紧紧卡死在门框里，严丝合缝，一旦小家伙们挤成一堆，想要出去，门就会自己打开。

6月和7月来临了，这是蝉所喜爱的季节，小蜘蛛也同样喜爱这个季节，到了这时，它们就该忙起出门的事儿了。对它们而言，穿越气球那厚厚的外壳的确不是一桩易事。看来第二次的自动开裂又在所难免了。这一次是在哪儿裂开呢？我突发奇想，觉得它会沿着顶盖的边沿裂开。记得前面章节里描述的细节吗？气球的颈部末端扩展为宽宽的火山口状，上面罩了一个杯形的顶盖。这一部分的材质同其他部分一样结实，不过，既然顶盖是这个作品的最后一笔，我们就期望能找出一处没有焊死的结合点，由此就可以打开顶盖。这种建筑方式欺骗了我们，顶盖是固定不动的。如果不把这房子从上到下通通摧毁，我的镊子决不可能拔下顶盖。这样，就可以断定：开裂的是别的地方，是侧面的某个地方。究竟会在哪里开裂，事前我们看不出任何痕迹，也找不到任何征兆。而且，说实话，这种开裂不是由某种精巧器械完成的，这是一种极不规则的开裂。在阳光的炙烤下，缎料裂开了一条锋利的口子，就像熟透了的石榴壳一样。这样，我们可以做出判断：是里面的空气被阳光加热后膨胀，造成了这种崩裂。内部压力的痕迹是一目了然的：缎料的裂口都是向外翻开的，而且总有一缕填充小袋的黄褐色绒毛散落在裂口处。

小蜘蛛们被爆炸赶出了家门，这时在鼓出来的破絮上乱成一团。环带园蛛的气球是颗炸弹，会在炙热的阳光照射下轰然爆裂，放出里面的住客。这些炸弹需要三伏天猛烈的热浪才能引爆。处在我书房冷热适宜的环境里，大部分气球都没有打开，也没有幼蛛冒出来，除非我自己插上一手。有几只倒是开了一个圆孔，那孔非常整齐，恐怕是戳出来的。这个孔是气球里囚徒的作品，它们在球体上的某个地方用牙齿耐心地啃出一个洞，然后一个接一个钻出来。但是留在院子里迷迭香上的气球，经猛烈的阳光一晒，轰然崩开，喷出一股夹杂着小虫的浅红绒絮。这就是野外充足的阳光沐浴下的正常分娩。环带园蛛的小袋无遮无拦地置身于灌木丛中,7月气温一升高,袋里的空气就张开了小袋,小窝炸裂了,分娩也就顺利完成了。只有很小一部分的家庭成员随袋里的乱絮跑了出来,绝大部分还留在袋内。袋子虽然破裂了,却仍然被绒毛胀得鼓鼓的。既然大门已破,大家都可以随时离开,那么就择吉日而行吧,无须操之过急。

此外,在举家移居之前还要进行一个隆重的活动。那些动物必须蜕皮,而蜕皮并不是同时发生在所有蜘蛛身上的,所以撤离旧家的时间要持续几天。它们都是一小队一小队地离家而去,扔下一堆蜕下的皮,那些踏上了离家之路的幼蛛爬到附近的枝条上,在那里,在阳光暴晒之下,继续做着远游的准备。它们使用的方法我们在十字园蛛里所讲的一模一样。吐丝器往风中抛出一根丝,蛛丝飘荡、断开,然后携带着吐丝者一道飞去。无论是在哪一个上午,启程离去的蜘蛛都不太多,无法满足人们想看壮观场面的心愿。由于没有谁拥来挤去,整个场面显得毫无生气。纺丝大蜘蛛同样也没有演出一哄而散的场面,令我失望之极。容我提醒一句,它做的可是最漂亮的卵袋。卵袋呈钝状的圆锥形,上面罩着星形圆片。它比环带园蛛的气球的材质更结实,而且更厚,所以就愈发需要来一次自动爆裂。裂开的部位在卵袋侧面,距盖边不远。同气球爆裂的情形一样,它的爆裂也需要七月的酷热来帮忙。其原理看来也是空气受热膨胀,因为我们再次发现有一些填充卵袋的丝状绒絮跑了出来。所有家庭成员集体弃家而去,而且,这一次它们没有先蜕皮,也许是缺乏必要的空间,无法进行细致的蜕皮过程。它们的圆锥形卵袋比那气球小多了,挤在里面脱下身上的壳,会扭断腿的吧。所以,全家一齐钻出来,在近旁的枝梢住下。这是一个临时的宿营地,小家伙们共同吐丝,马上织了一个镂空的帐篷,一个为时一周左右的住处。就在这蛛网纵横的休息地,它们蜕了皮。蜕下的皮在住所底下堆成一堆。上面的秋千上,飞人们则在苦练本领、强健体魄。

最后,待体格发育成熟,它们就启程出发了,一会儿是这几个,一会儿又是那几个,它们一小批一小批地出发,每个都是那么小心谨慎。没有谁乘着蛛丝飞船做飞行冒险,旅程都是老老实实一步一步完成的。蜘蛛就吊在蛛丝下,大约9英寸到10英寸的距离。一缕轻风就吹得它如钟摆般摇晃。有时蜘蛛会撞上附近的枝条。这是离乡的一小步。它一粘到一个物体,马上又垂下一段新丝,然后又做钟摆式摇动,摇到另一个稍远点的地方。就这样,小蜘蛛一小摆一小摆地(因为蛛丝不能留得太长),去四处漫游,走马观花,最后找到一个适合自己的地方。如果风吹得很猛,它们的行程就缩短了:钟摆式的线路中断,吊在丝上的小家伙一下子就被送到了远处。总而言之,离乡的手法大致都一样。

尽管如此,我地盘上的两只母蜘蛛还是辜负了我的期望,对它们编织卵袋的手艺我可是大唱了一番赞歌的。我费心费力饲养它们,结果却令人失望。十字园蛛给我留下了惊鸿一瞥,那种壮观场面我到哪里可以再次看到呢?

蟹　蛛

给我表演了一场离乡行的蜘蛛的正式名称是Thomisus onustus。这个名字听起来有些古怪,而且也不太合乎情理。相比之下,蟹蛛这个俗名倒是让人乐于接受。这个词是古人授予Thomisus这一属动物的名称,它十分准确,因为这种蜘蛛和甲壳纲动物有着明显的相似之处。如螃蟹一样,蟹蛛也是横行,同样,它的前腿也比后腿粗壮。它唯一比不上螃蟹的地方便是没有前面那对摆出一副自卫姿势的硬钳。长着螃蟹模样的蜘蛛并不懂得编织捕猎网,它不设网下套,只是潜伏在花间,待猎物出观,就朝猎物脖子发出准确的一击,刺死猎物。本篇专题谈论的蟹蛛对击杀家蜂有着狂热的爱好。

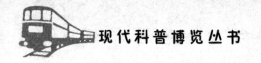

蜜蜂来了,它心中丝毫没有打斗的念头,正打着搜刮花粉的如意算盘。它用舌头尝尝花朵,然后挑选一块风水宝地,很快它全身裹满了收获品。正当它忙着装满篮筐,扩大收成时,蟹蛛——那个潜伏在花影里的歹徒,从隐身处出来了,蹑手蹑脚溜到那嗡嗡叫的虫子身后,偷偷凑过去,猛地一扑,卡住了它的后脖子。蜜蜂拼命反抗,疯狂地挥舞着它的刺。然而这是白费力气,攻击者毫不放松。再说,蜜蜂脖子上挨的那一咬让它瘫了下去,因为颈部的神经中枢被破坏了。那可怜的家伙腿一伸,刹那间一切便结束了。那女杀手便舒舒服服地吸起受害者的血来。等它吸完血,就将那具干瘪的尸体抛在一旁,不屑一顾了。它又一次躲起来,准备谋杀另一个倒霉蛋,如果天赐良机的话。

看到乐在其中的神圣劳动者蜜蜂被屠宰,我总是非常反感。为什么做工的就要喂养游手好闲的家伙,出力流汗的就要让吸血鬼过上奢侈生活呢?为什么那么多令人赞美的生命要为土匪强盗的兴旺而牺牲?和谐的整体中交杂的这些可恶的不和谐令思想家也为之困惑。等我们看到那冷酷的吸血鬼和家人在一起的时候,也会变成献身的楷模时,就愈发困惑了。吃人妖魔也爱自己的子女,但它会吃别人的子女。在肠胃的专制统治下,野兽也好,人类也好,全部都是魔鬼。劳动的崇高、生存的喜悦、母爱的深情、死亡的恐惧:所有那一切对他人来说毫无意义,要紧的是每口食物是否香甜可口。

根据Thomisus的词源学意义——那是希腊文,意为捆索,就像一个手持束棒的侍从官,绑着受难者上刑台。考虑到许多蜘蛛的确是用蛛丝捆绑猎物供自己随意享用,这种比喻倒也不是不相宜。不过蟹蛛与它的名称Thomisus却并不相符。它不捆绑蜜蜂,蜜蜂后脖子上被咬了一口后,立马气息奄奄,对享用自己的家伙做不了任何反抗。我们那为蜘蛛命名的先人被蜘蛛的惯用战术堵塞了心窍,忽视了这个特例。除了使用绞索,这位先人并不知道蜘蛛还有另外一种背信弃义的攻击方式。

蟹蛛名字的第二部分——onustus,同样也选得不当,意为负重、承载、装运。捕蜂的女杀手的确是大腹便便,但要把这一点当做与众不同的特征却毫无道理。几乎所有的蜘蛛都有一个肥硕的肚子,这是丝线库,有时这儿要织出网纱,有时又要纺出巢穴的绒毛。蟹蛛是一流的筑巢专家,偏好后者:它的腹部珍藏着能将全家安置得舒舒服服的一切必要材料,却并没有显出过分的肥态。

　　那么onustus这个词会不会就是指它缓慢的横行方式呢? 我想到了这种解释,却并不能完全信服。除非突遇险情,每只蜘蛛都是迈着庄重的步子,小心翼翼行走的。这么看来,这个科学术语不过是个错误的概念,是毫无价值的称号。要给动物取个合乎情理的名字可真难哪! 我们还是对命名者宽容一点吧! 词典再也挤不出什么新鲜东西,而需要编目归类的东西一浪高过一浪地朝我们涌来,耗尽了我们拼词的创造力。

　　既然术语不能告诉读者任何东西,那么读者究竟应该从哪儿去了解呢? 我发现只有一个手段:邀请它参加南部荒原里的五月盛会。杀害蜜蜂的女杀手体质偏向寒性,在我们这个地区,它几乎从不离开橄榄生长地带。它最爱的灌木是白色叶片的岩蔷薇,那大朵大朵皱成一团、命如朝露的花儿只开一个早上,第二天又会有新的花朵在清冷的晨曦中盛放,灿烂的开花期会持续五六周。到那时,蜜蜂会狂热地扑上去,在宽大的雄蕊头之间闹腾忙碌,裹上一身黄色花粉。加害它们的恶人了解这种盛况,所以它候在它的监视屋里,就在花瓣的玫瑰色屏风下伺机捕食。把你的目光投到花丛中,四下里找找。如果你看见一只蜜蜂无声无息地躺着,四腿朝天,身子僵直,那就凑近些吧。蟹蛛十有八九就在那儿。凶手已经刺出了致命的一击,吸干了死者的血。

　　不管怎么说,这个灭蜂狂魔还是一个非常漂亮的家伙,虽然它笨重的大肚子好似伏倒的金字塔,腹底两侧各缀着一个活像驼峰的脓疱。它们的皮肤比任何缎料都要让人赏心悦目,有些呈奶白色,有些呈柠檬黄。当中还有些讲究的女士,腿上饰着一些粉红链子,背上有胭脂红花叶纹。有时胸脯左右还镶有一条窄窄的淡绿边带。它不像环带园蛛的服饰那么富丽,却要雅致得多,因为它素净、精美,色调搭配极富艺术感。也许外行人轻易不敢触碰别的蜘蛛,但一定会被它的魅力所吸引,蟹蛛的外观那么娇美,摸摸这样的佳丽他们是不会害怕的。

那么这颗蜘蛛世界的明珠能做什么呢? 首先,它要搭一个配得上自己的巢。蟹蛛也是一个酷爱攀高的家伙,它选择惯用的狩猎场——岩蔷薇的上层枝条作为筑巢之地,挑一根枯干的、带几片枯叶的枝条。叶子正好卷成一间小屋。它打算把卵安置在里面。就像个有生命的梭子一样,它上下穿梭,在叶子上缠满丝线,纺出一只外层与枯叶合为一体的卵袋。这件作品呈灰白色,部分露在外面,部分被支撑的东西挡住了。由于卵袋中来杂着卷叶,因而边缘参差不齐。它的外形呈圆锥形,令人想到小一号的纺丝大蜘蛛的巢。产完了卵,容器的口子就会用同一种白丝牢牢密封住。最后留出几根丝,像薄帘一样铺在巢上形成一道天篷,和卷曲的叶尖一起构成一个小亭。

做妈妈的蜘蛛就在这个小亭里住下。这个小亭并不只是它分娩后的休养地,更是一间警卫室、监视哨,在幼蛛离家之前,蟹蛛妈妈就一直趴在这里。由于产卵和吐丝的消耗,它已经瘦弱不堪,活着只是为了保护自己的巢。要是有谁在旁边游荡,它就赶紧冲出哨塔,张牙舞爪地轰跑入侵者。如果我拿一根草去逗它,它也会摆出职业拳击手的架势大力推挡。它朝我的武器发出一记重拳。当我打算给它挪动挪动,去做某些实验时,我才发现那真是困难重重。它紧紧粘在丝质地面上,击退了我的进攻,我又不敢用力,生怕伤着它。一旦外面不再吸引它,它马上就会自顾自地退回原地。它拒绝离开它的珍宝。当我们想取走狼蛛的卵丸时,狼蛛倒也是这么拼命搏斗的。每个母亲都表现出同样的勇气,同样的献身精神,而在分辨那财产的真伪时又都是那么愚蠢。

随便拿一个陌生的丸子来换走狼蛛自己的卵丸,它都会毫不犹豫地收下——它分不清哪个是外来品,哪个是自己卵巢和纺丝坊里出来的产品。舐犊情深那一类的空洞辞藻在这儿纯属鬼话。这是一种强烈、近乎机械的冲动,绝不含任何真情实爱的成分。

岩蔷薇上的蜘蛛美人同样也没有什么超强禀赋。如果引导它从自己的巢旁移到另一个同样的巢旁,它会住下来,一步也不挪,尽管那叶子篱笆的布置大不一样,足以提醒它这不是它原来的家。只要脚下踏着缎料,它就不去留意自己的错误。它照看别人的巢穴跟照看自己的巢穴一样机敏警觉。

而论起护犊的盲目,狼蛛可谓是有过之而无不及。它会将我挫平的软木球、纸团、小线球系在本该系卵袋的吐丝器上。为了调查蟹蛛是否会犯同样的错误,我搜罗了一些残破蚕茧,将光滑、精致的里面翻出来,捏成圆锥形。我的企图没有得逞。把蟹蛛妈妈从自己家挪到人造卵袋旁后,它因更换了地方而不肯住下。难道它的目光要比狼蛛的敏锐?也许吧。不过我们还是别浪费溢美之词了,因为我仿造的小袋实在太粗陋,不足以蒙混它。

5月末,产卵结束了,从那以后,蟹蛛妈妈就平卧在巢的天篷上,日日夜夜,一步也不离开这间警卫室。看到它的模样那么单薄,那么萎靡,我使出惯用手段,喂只蜜蜂给它,想让它开心一下。事实证明是我误解了它的需求,虽然蜜蜂一直是它最爱的美味,可这时却再也吸引不了它。猎物在它身旁冲来冲去,虽然很容易捕到,但是那"哨兵"根本不出哨所,对这送上门来的美味无暇一顾。它只靠母性的奉献精神维持生命,只是这种营养虽值得称赞却毫无实质内容。于是我看着它一天比一天消瘦,越来越萎靡。

这个日渐衰弱的家伙在断气前究竟在等待什么?它在等待自己儿女的出世,它那奄奄一息的生命仍然对儿女有用处。环带园蛛的小家伙还没钻出气球就沦为孤儿,没有谁会来助它们一臂之力,而它们又没有独立出世的力量。气球就不得不自动裂开,将幼蛛和绒毛褥子一块喷出来。蟹蛛的卵袋大部分都包上了树叶，绝不会爆开，袋盖严严实实地密封住了，也不会翻开。然而，在一窝蜘蛛出世之后，我们在盖口边缘发现了一个小孔——一个出口。这个出口原先并不存在，是谁开的呢？卵袋的质地太厚实、太坚韧，里面小房客娇弱的肢体是打不开出口的。所以说，是妈妈感觉到丝质天篷下儿女们在不安分地挤动，于是亲自在袋上开了一个洞。虽然它气息奄奄，却仍然挣扎着活了五六周。为的就是最后帮上一把，为家人打开大门。完成这项任务后，它从容地断了气，怀抱着它的巢，变成了一堆干枯的残渣。

7月一到，小家伙们便钻了出来。考虑到它们的杂耍习惯，我在它们出生的笼子顶上立了束细嫩的枝条。它们一个不剩地钻出网格，爬到树枝梢顶聚成一团，迅速织出一个宽宽的、纵横交错的蛛丝休息处。它们在这儿悄无声息地待上一两天，然后就开始将吊桥从一头甩到另一头。此时正是大好时机。我将爬满幼蛛的枝条束放到敞开的窗口前一个晒不到太阳的地方。它们马上开始了离乡的旅程，可是步调缓慢，进程也不一致。它们不时停顿、倒退，悬在丝尾坠下来，又拖着蛛丝攀上去。总而言之，是事倍功半。由于太拖拉，我就想到在8点钟的时候，将枝条束移到窗台上阳光直射的地方。枝条上挤满了一心盼着出发的蜘蛛。经过几分钟的光热作用，场面便完全不同了，移民们纷纷奔上枝条顶端，快手快脚地忙碌起来。那儿成了一个使人迷惑不解的制绳厂，成千上万条腿正从吐丝器里拽出长丝来。我并没有看见它们造出的丝绳，也不见丝绳在空中飘荡，但我猜到了。蜘蛛三四个一组分批离开，每只蜘蛛走的方向都和同伴不同。所有蜘蛛都是往上走，所有蜘蛛都是在某种支撑上攀爬，这些可以从它们灵活的腿部动作上看出来。而且攀爬者身后的路线是看得见的，因为那里多加了一股丝，有两根丝粗。

接着，它们攀爬到一定高度，便纷纷停止了各自的动作。小虫子在空中翱翔，阳光照得它闪闪发光。它轻轻摆着身子，一下子飞起来。到底发生了什么事？外面微风习习，飘浮的长线突然断了,那小生命拉着它的降落伞飞走了。我看着它越飘越远。40英尺开外的柏树那黑黢黢的叶子,闪着点点金光。它往上飞升,越过柏树屏障,消失不见了。其他的也随之而去,高高低低,忽东忽西。不过这一个群体已经做好了成群散去的一切准备。现在我们看见灌木丛顶上喷出一道飞雾,那是上路的虫子像微型抛射体一样一个接一个弹射出去,渐渐形成了一片连续不断的瀑布。最后,它就像烟火晚会的压轴礼花一样,万花齐放。这比喻一点儿也不过分,因为它的确是在发出夺目的光芒。小蜘蛛在阳光照耀下变成了星星点点的光斑,活像烟花喷射出的万千火星。多么辉煌的离别啊!多么美妙的开场戏!细微的小生命紧紧拽住自己的飞天绳,腾云驾雾而去。或早或迟,或近或远,它们总是要落下来的。为了生存,我们不得不落下来,还常常落到极低的地方。唉呀呀!百灵鸟总在云间高歌可找不到燕麦粒吃。它们不能不落下来:肚皮不可违抗的需求命令我们落下。所以,小蜘蛛也要降临大地。地球引力被它的降落伞减弱了,因而对它温情有加。关于这个小生命以后的事情我就不太清楚了。它在拥有捕杀蜜蜂的力量之前要捕捉多少蚊蝇?它将怎么对付它的敌人?我不知道。我们会在春天里再见到它,那时它已经长大了,伏在花间,捕捉蜜蜂。

园 蛛 : 电 报 线

在我所观察的园蛛中,只有条纹园蛛和纺丝园蛛是经常待在网中,甚至在烈日下也是"足不出户"的。而其他几种园蛛则往往是整日躲在蛛网附近的灌木丛中,静候猎物的到来。

一夜过后,尽管蛛网有点破损,但仍然可以对付着使用。如果哪个昏了头的家伙自投罗网,那么,躲在别处的蜘蛛能否将它截住呢?不必担心。它会风驰电掣般地赶过来。那它是如何得

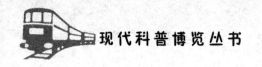

知这一信息的呢？我来解释一下好了。

使蜘蛛知道有猎物上钩的是网的震动，而不是它的眼睛。一个简单的实验即可证明这点。我先将一只蝗虫溺死在二硫化碳溶液里，再把它放在条纹园蛛的黏丝上。不管摆在哪个方向——前、后、左、右我统统试过，可蜘蛛还是待在网中央，纹丝不动。再拿一只白天躲在叶子间的园蛛来做实验，结果也是相同的——死蝗虫几乎被摆到了网中心，然而蜘蛛对它仍是视而不见。在这两个实验中，蜘蛛没有任何举动。即使蝗虫摆在面前，它也一动不动，连正眼瞧都不瞧一下，像是没有看见一样。到后来，我的耐性都给磨光了。于是，我藏在暗处，用一根长长的稻草轻轻地拨了拨死蝗虫，使它颤抖起来。这就够了。条纹园蛛和纺丝园蛛迅速赶往中心，其他几只园蛛也连忙奔下树枝，扑向蝗虫，用丝把它捆起来，就像它们平常对付落网的活蝗虫时那样。是蛛网的震动将它们引了过来。也许是灰色的死蝗虫颜色不够鲜艳，无法引起它们的注意呢？那么，我们就换一种炫目的颜色——红色来试试吧。相信蜘蛛对这种颜色也很敏感。由于蜘蛛的猎物中没有身着"红装"的，所以我就做了根小小的红棍子，体积与蝗虫差不多大小。我把红棍粘在网上。这一招挺灵。小木棍如果静止不动，蜘蛛就毫无反应；而当我用稻草拨动诱饵，蜘蛛就会立刻冲上前去。有几个呆头呆脑的家伙只拿脚碰碰小木棍，就用丝将它捆绑起来。它们甚至不管三七二十一，抓着棍子便是一顿乱啃，并注入毒汁。到这时，把戏才穿帮，受了捉弄的蜘蛛把那块难啃的木头扔出网外，然后退到网中央。当然，其中也不乏有聪明的蜘蛛。这些蜘蛛一样会匆匆奔往我暗中拨弄的小红棍。它们像在网中心那样，在叶间的"帐篷"里闻风而动，并用触须和脚对"猎物"进行检查。发现这东西没有什么价值后，它们就不会拿丝去捆缚，以避免无谓的浪费。虽然我拨弄的小红棍没有使它们上当受骗，略一试探，它们就会把它丢出去。但是，聪明的蜘蛛和愚笨的蜘蛛一样，都会不辞辛苦地从灌木中飞速赶来。

它们是怎么知道网中有猎物的呢？很显然,它们看不见猎物。在没有识破我的骗局之前,它们会用脚夹起小红棍,有时还会轻咬它几口。可见,它们的视力非常糟糕。一只死猎物若是没有晃动蛛网,那么,哪怕它就在眼皮下,蜘蛛也发现不了。而捕猎往往是在伸手不见五指的黑夜中进行的,那时视力再好也是白搭,猎物就算是近在身旁也未必能看见,就别提离得远了！在这种情况下,用于探测距离的装置就必不可少了。我们轻而易举就能发现这个装置。那些白天有藏身之所的园蛛,在其蛛网后面都设了个"机关":网中心有一根丝斜斜地伸了出去,直通到蜘蛛白天藏身的灌木丛中。除了与网中心相连,这根丝与蛛网的其余部分,包括架子上的丝在内,都没有任何"牵连"。它由网中心径直伸向蜘蛛在灌木丛的"帐篷"中,没有一点障碍。这根丝大约有22英寸长。有角园蛛喜欢攀爬高枝,所以它的这根丝长达二十八九英寸。不用说,这根斜丝就是蜘蛛搭起来的步行桥。一旦出现紧急情况,蜘蛛便由这道桥匆匆赶到蛛网那儿。把事情办完后,它又由这道桥返回栖息之所。事实上,这条小路是它来回穿梭的通道。

这是它的全部效用吗？显然不是。要是它的作用仅在于为蜘蛛迅速往返于"帐篷"和蛛网之间提供一条捷径的话,那它从网的下端直接引到蜘蛛的隐居处就可以了。那样做既可缩短行程,也可以减小坡度。另外,这条丝为什么总是从网的中心,而不是别的什么地方牵出来呢？就因为网中心是辐的交汇处,所以它理所当然地也是震动的中心。网上一有动静,中心便会震颤。此时得有一根丝连在这个中心点上,把网上有猎物在挣扎的消息传给远处的蜘蛛。延伸出网外的斜线不仅起着步行桥的作用,它更重要的功能是传递信息。它是一条"电报线"。

我们来做个实验。我把一只蝗虫放在网上。被黏丝裹住的蝗虫奋力挣扎。蜘蛛立刻从"帐篷"里冲下步行桥,奔向蝗虫,把它来个五花大绑,依常规处置。不一会儿,它用吐丝器吐出的一根丝缚住蝗虫,拖着它到了上面的"帐篷"里,准备津津有味地咀嚼一番。这后面就没啥新鲜事了,一切照常。有好几天,我不去骚扰它,让它自得其乐。后来,我又为它准备了一只蝗虫。只是这一次,我用剪刀剪断了信号线,并小心地没让它的"大厦"晃动分毫。猎物被放在了网上。一切都不出我的所料:受缚的蝗虫开始挣扎起来,震得蛛网直颤。但待在一边的蜘蛛却不予理会,似乎什么事情都没发生。

或许有人认为,蜘蛛之所以待在"帐篷"里一动不动是因为步行桥断了,它无路可走。但我们不要忘记:只要它愿意去,摆在它面前的罗马大道又何止几十条? 蛛网被许许多多的丝牵附在树枝上,蜘蛛可以经由其中任何一根丝抵达目的地。然而蜘蛛却没采用这些线路,只是静静地待在原地,"两耳不闻窗外事"。为什么? 就是因为它的"电报线"出了问题,没法告知它的网在震动。它根本看不见网中的猎物。整整一个小时过去了,蝗虫依然在负隅顽抗,而蜘蛛仍蒙在鼓中,我则乐得旁观。最后,蜘蛛如梦方醒,发觉自己脚下的信号线绷得不如原来紧了,便出来一探究竟。它顺着架子上的第一根丝,不费吹灰之力就来到了网中。蝗虫被发现了。它把蝗虫捆缚起来后,再重做了一根信号线,以替代原来被我剪断的那根。蜘蛛拖着俘虏,沿这根丝凯旋而归。

我的邻居——那只大肚子的有角园蛛,它的"电报线"有9英尺长。它给了我一个新的意外。一天早晨,我找到一张已被它遗弃的蛛网。这张网没有破损,也就是说,它当晚的狩猎并不成功。那么,这家伙肯定已经饿坏了。我拿一只昆虫作为诱饵,想把它引出它的庇护所。蜻蜓为了这次实验的牺牲品。我将蜻蜓粘在网中,它拼命挣扎,摇得蛛网一颤一颤的。一只高居于柏树叶间的蜘蛛马上做出了反应。它大步流星地沿"电报线"冲向蜻蜓,把它缚住,然后用自己脚上的丝拖着战利品回到了老巢。最后的盛宴在又高又静的祭坛上完成。几天后,我如法炮制,又做了一个相同的实验。但这次我先剪断了信号线。我桃子只大蜻蜓,这个俘房自始至终都没有安分过。我耐心等候，不过一切都是徒劳：蜘蛛终日没有下来。"电报线"断了，它怎么可能知道9英尺开外的地方发生的事情呢？它并非对那只被困的大蜻蜓不屑一顾，这仅仅是由于不知情。临近黄昏时，蜘蛛离开了居所，在路经残网的途中它终于发现了蜻蜓。于是，它就地美餐了一顿，之后再重新织网。

我有幸观察到了一种园蛛——碗状园蛛，它的这套信息结构要简单一些，但基本原理是一样的。我们春天才能见到这种园蛛，那时它非常热衷于在迷迭香花丛中追捕家蜂。它在枝丫的密叶间造了间丝壳，形状、大小都与橡碗(橡果的壳斗)相仿。它待在这里，把大肚子塞进那个圆圆的洞穴中，前足则搭在洞穴边缘，一副跃跃欲试的样子。这个懒惰的家伙酷爱此处，而且它可不像其他园蛛那样，经常倒立在网中。它舒服地安坐于它的空壳中，等待猎物上钩。

和其他园蛛一样，它的网也与地面垂直，并且面积不小，往往设在蜘蛛的安乐窝——橡碗的旁边，而且蛛网和橡碗还通过一根长长的斜线连在一起，这根线是一根辐。蜘蛛坐在碗底，常把脚放在辐上。辐的另一端是蛛网的震动中心，一有什么风吹草动，它就及时准确地向蜘蛛通风报信。因此，它具有双重功能：一是支撑黏性丝线，二是通过震动向蜘蛛传递信息。有了这根辐，就没必要再造一根专用的信号线了。而其他几种园蛛因为白天待在距蛛网较远的地方，所以必须做根专线，否则就无法探知弃网中的动静。

事实上，每只园蛛都有一根专门的"电报线"。年事高，园蛛就只想歇歇"手"，好好睡一觉。年幼的园蛛虽然精神抖擞，可它们对"电报线"的妙用一无所知。更何况它们的网寿命不长，次日一早几乎就难觅踪迹了。既然已成废网，根本捕不到猎物，做通信设备又有何用呢？只有那些在远处的"帐篷"中或沉思或打盹的老家伙们，才会留意"电报线"发出的信号，从而得知远处网

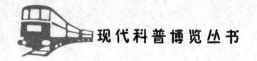

中发生的事情。

为了减少整天看守蛛网的劳顿，好好休息，也为了时刻保持警惕，蜘蛛会背对蛛网，把脚搁在"电报线"上。我把观察到的结果向你们汇报一下，你们就会明白是怎么回事了。

大腹便便的有角园蛛会把网结在两棵相距近一码的棉毛荚之间。火辣辣的太阳照在这张早在天亮前就已遭遗弃的蛛网上。蜘蛛待在它白天的居所中，你循着"电报线"一下子就能找到那个地方。这个地方是拱形，由一些枯叶和丝线搭成，还挺深的呢！蜘蛛把全身都隐藏在其中，只露出它丰满的后足，把守着城堡的大门。它的前半身都埋在橡碗中，所以自然瞧不见蛛网中的动静。那么，在这晴空丽日下，它是否会放弃捕猎的念头呢？绝对不会。我们就拭目以待吧。快看！它把一条后足伸到了叶子城堡的外面，而足尖上恰恰连着信号线的另一端。要是你没见过蜘蛛这样把"手"搭在"电报线"上，你就不会明白其中的奥妙，也不会不知道动物还有如此惊人的智慧。一有猎物出现，正打瞌睡的蜘蛛的脚便会颤动起来，提醒它赶快行动。被我亲手放进蛛网的蝗虫像是给它打了一针强心剂，暗示它有一顿佳肴在等着它享用。它吃得酒足饭饱，而我也心满意足——因为我又学到了一些新东西。

我逮着了一个千载难逢的机会来一睹柏树居民的某些习性。第二天早上，我又像昨天那样，将"电报线"剪断，不过这次我留下的线估计有一臂之长，它被蜘蛛伸出户外的后足拉拽着。随后我在网中放了双重诱饵：一只蜻蜓和一只蝗虫。蝗虫在里面拳打脚踢；蜻蜓则扑棱着翅膀，上蹿下跳。蛛网颠簸得非常厉害，震得蛛巢附近架子旁的许多树叶都簌簌抖动起来。即使这种震颤近在身边，蜘蛛也无动于衷，它甚至没有掉转身去看一看。信号线一旦失效，它就惘惘然，不知外界发生了什么事。整整一天，它不惊不扰地待在原地。晚上8点钟，它终于出门来编织新网了。这时它才发现了我给它弄来的那笔"意外之财"。

对了，还有一点需要说明一下。蛛网经常在风中摇曳。网上某些部分会因为受到旋风的冲击和侵扰，而无法将震动传到信号线上。这时的蜘蛛不会出门，哪怕蛛网被弄得惊天动地，它也安之若素。所以，它的"电报线"比拉铃索还要管用，一有什么风吹草动，就立刻通报蜘蛛。这根"电报线"像人们用的电话线一样，能传播各种声音。蜘蛛一只爪子紧紧揪住这根"电报线"，用脚去"倾听"。它警惕着远处的震动并做出判断：到底这震动是源于猎物落网呢，还是风的声音？